A. Nilofer
K. Karthiga

Normalização de sumos sinbióticos de valor acrescentado

A. Nilofer
K. Karthiga

Normalização de sumos sinbióticos de valor acrescentado

ScienciaScripts

Imprint
Any brand names and product names mentioned in this book are subject to trademark, brand or patent protection and are trademarks or registered trademarks of their respective holders. The use of brand names, product names, common names, trade names, product descriptions etc. even without a particular marking in this work is in no way to be construed to mean that such names may be regarded as unrestricted in respect of trademark and brand protection legislation and could thus be used by anyone.

Cover image: www.ingimage.com

This book is a translation from the original published under ISBN 978-620-2-07665-4.

Publisher:
Sciencia Scripts
is a trademark of
Dodo Books Indian Ocean Ltd. and OmniScriptum S.R.L publishing group

120 High Road, East Finchley, London, N2 9ED, United Kingdom
Str. Armeneasca 28/1, office 1, Chisinau MD-2012, Republic of Moldova, Europe
Printed at: see last page
ISBN: 978-620-7-93894-0

ÍNDICE

RECONHECIMENTO 2

RESUMO 3

ABREVIATURAS 5

CAPÍTULO 1 7

CAPÍTULO 2 11

CAPÍTULO 3 22

CAPÍTULO 4 33

CAPÍTULO 5 50

BIBLIOGRAFIA 52

APÊNDICE 1 59

APÊNDICE 2 60

APÊNDICE 3 61

APÊNDICE 4 62

APÊNDICE 5 67

APÊNDICE 4 69

APÊNDICE 7 70

APÊNDICE 8 71

WEBLIOGRAFIA 72

RECONHECIMENTO

Em primeiro lugar, agradeço a Deus todo-poderoso por me ter abençoado para concluir esta tese com êxito.

Tenho o prazer de expressar os meus sinceros agradecimentos à **Dra. Vasantha Esther Rani**, Directora do Departamento de Nutrição Humana e Nutracêutica, Fatima College, Madurai, pela sua valiosa orientação, apoio e encorajamento durante todo o trabalho de investigação.

Tenho o privilégio de exprimir o meu profundo sentimento de gratidão e respeito pela minha orientadora de projeto, **a Dra. (Sra.) K. Karthiga,** professora assistente do Departamento de Nutrição Humana e Nutracêutica do PG, pela sua orientação constante, apoio, motivação e sugestões valiosas oferecidas em todas as fases da investigação. A sua orientação ajudou-me durante todo o tempo do projeto e na redação desta tese.

Expresso também os meus agradecimentos à **Sami labs**, **Bangalore**, que me patrocinou o probiótico *Bacillus coagulans* para o meu estudo.

As palavras parecem inadequadas para expressar a minha gratidão aos meus queridos pais **U. Ayubkhan, A. Nihar** e irmão **A.Ajmal khan** e também ao meu primo **B.Lathif sha** que foram os pilares do encorajamento, pelas constantes motivações, orações e apoio financeiro que fizeram da apresentação do meu projeto um trabalho maravilhoso e perfeito. Por último, mas não menos importante, gostaria de agradecer aos meus **queridos amigos** pelas suas motivações, ajuda e apoio espiritual ao longo da minha vida.

RESUMO

Os alimentos simbióticos que contêm probióticos e prebióticos são benéficos para a saúde humana. As estratégias alimentares mais conhecidas para modular a composição da microbiota intestinal são o uso dietético de prebióticos, probióticos e a combinação destes com os simbióticos. O objetivo deste trabalho foi desenvolver sumos simbióticos, como alternativa aos produtos probióticos lácteos, contendo a cultura probiótica *Bacillus coagulans* e sementes de Sabja como prebiótico.

Bacillus coagulans MTCC 5856 é uma preparação probiótica estável à temperatura ambiente, sem lactose e com estatuto GRAS. A capacidade de formação de esporos do *Bacillus coagulans* ajuda-o a sobreviver a altas temperaturas e a mostrar resistência contra o ambiente gástrico humano agressivo, o que lhe permite proporcionar os benefícios probióticos. As sementes de Sabja, também designadas por sementes de manjericão doce, são originárias da Índia e são aí cultivadas há milhares de anos. As sementes de manjericão embebidas tornam-se gelatinosas e são utilizadas em muitas sobremesas, entre as quais a Falooda. Na Índia, as sementes de Sabja são utilizadas pelos seus efeitos medicinais e terapêuticos.

O probiótico *Bacillus coagulans* (0,2 g) e as sementes de sabja prebióticas foram adicionados a um nível de 0,5, 1 e 1,5 por cento em sumos de fruta como a papaia, o ananás e a romã, respetivamente. Estes sumos simbióticos foram avaliados por um painel de juízes utilizando um cartão de pontuação com uma escala hedónica de nove pontos. Os atributos sensoriais como a cor, o sabor, a consistência, o paladar e a aceitabilidade global dos sumos simbióticos a 1,5% (SPJ3, SPAJ3 e SPOJ3) obtiveram pontuações mais elevadas do que os sumos simbióticos a 0,5 e a 1%. As pontuações médias globais para 1,5% de sementes de sabja adicionadas a sumos simbióticos foram mais ou menos iguais às das amostras de controlo.

A análise de nutrientes como hidratos de carbono, proteínas, fibra bruta, β-caroteno, vitamina C, ferro, zinco, magnésio e parâmetros físico-químicos como pH, acidez, sólidos solúveis totais, antioxidantes, flavonóides e polifenol total foi analisada tanto no controlo como em 1,5 por cento de sementes de sabja adicionadas a sumos simbióticos, nomeadamente papaia, ananás e romã. Os resultados revelaram que os nutrientes e os parâmetros físico-químicos, como os hidratos de carbono, as proteínas, a fibra bruta, o β-caroteno, a vitamina C, o ferro, o zinco, o magnésio, os antioxidantes, os flavonóides e o polifenol eram mais elevados nos sumos simbióticos adicionados com 1,5% de sementes de sabja do que nos sumos de controlo. Os sumos sinbióticos podem ser recomendados para todos os grupos etários. Verifica-se que diminuem os sintomas clínicos como inchaço, vómitos, diarreia, dor abdominal, redução do nível de colesterol no sangue, estimulação das funções imunitárias, supressão de infecções bacterianas, remoção de carcinogéneos e melhoria da absorção de cálcio. Ajuda a manter a saúde geral do intestino.

Foi calculada a análise do custo de 1,5 por cento de sementes de sabja adicionadas a sumos sinbióticos, nomeadamente papaia, ananás e romã. O resultado indicou que o custo dos sumos sinbióticos, nomeadamente da papaia, do ananás e da romã, era ligeiramente superior quando comparado com os produtos disponíveis no mercado.

ABREVIATURAS

mg	Milligram
kg	Kilogram
g	Gram
°C	Degree Celsius
LR	Laboratory Reagents
AR	Analytical Reagents
GR	Guaranteed Reagent
Rs	Rupees
ml	Millilitre
Cfu	Colony forming unit
β	Beta
μ	Microgram
Std	Standard
GRAS	Generally Recommended As Safe
TSS	Total Soluble Solid

SPJ1 – 0.5g of sabja seeds added synbiotic papaya juice.

SPJ2 – 1g of sabja seeds added synbiotic papaya juice.

SPJ3 – 1.5g of sabja seeds added synbiotic papaya juice.

SPAJ1 – 0.5g of sabja seeds added synbiotic pineapple juice.

SPAJ2 – 1g of sabja seeds added synbiotic pineapple juice.

SPAJ3 – 1.5g of sabja seeds added synbiotic pineapple juice.

SPOJ1 – 0.5g of sabja seeds added synbiotic pomegranate juice.

SPOJ2 – 1g of sabja seeds added synbiotic pomegranate juice.

SPOJ3 – 1.5g of sabja seeds added synbiotic pomegranate juice.

CAPÍTULO 1

INTRODUÇÃO

Os alimentos funcionais são produtos que foram enriquecidos com nutrientes adicionados ou outras substâncias que se considera trazerem benefícios para a saúde para além do seu valor nutricional.

(Williamson, 2009).

Os alimentos funcionais fazem parte de um regime alimentar quotidiano e está demonstrado que oferecem benefícios para a saúde e reduzem o risco de doenças crónicas para além dos efeitos nutricionais amplamente aceites.

(Olejnik e Sip, 2005).

O significado grego da palavra probióticos é "para a vida". que são microrganismos vivos viáveis que, quando administrados em quantidades inadequadas, conferem um benefício para a saúde do hospedeiro.

(Fuller, 1989).

Há um grande número de probióticos atualmente utilizados e disponíveis em alimentos fermentados lácteos, especialmente em iogurtes. As bactérias do ácido lático constituem um grupo diversificado de organismos que proporcionam benefícios consideráveis à humanidade, alguns como habitantes naturais do trato intestinal e outros como bactérias fermentativas do ácido lático utilizadas na indústria alimentar, conferindo sabor, textura e possuindo propriedades conservantes. Para além destas, algumas espécies são administradas aos seres humanos como suplementos microbianos vivos, que influenciam positivamente a nossa saúde, principalmente através da melhoria da composição da microbiota intestinal. Por este motivo, são designados probióticos. Algumas estirpes seleccionadas de *Lactobacillus, Bifidobacterium, Streptococcus, Lactococcus* e *Saccharomyces* têm sido promovidas em produtos alimentares devido aos seus reputados benefícios para a saúde.

(Ouwehand *et al.,* 1999) distúrbios causados por diarreia, terapia antibiótica e radioterapia, redução do nível de colesterol no sangue, estimulação das funções imunitárias, supressão de infecções bacterianas, remoção de carcinogéneos, melhoria da absorção de cálcio, bem como a redução da atividade enzimática fecal.

(Holzapfel e Schillinger, 2002).

O interesse comercial nos alimentos funcionais que contêm estirpes probióticas tem aumentado constantemente devido à consciencialização dos seus benefícios para a saúde intestinal e para a prevenção e tratamento de doenças.

(Gonzalez *et al.,* 2011).

A bactéria probiótica *Bacillus coagulans* MTCC 5856 está no mercado como ingrediente alimentar há quase duas décadas, sob o nome comercial LactoSpore®. É uma preparação probiótica estável à temperatura ambiente, sem lactose e não geneticamente modificada, com estatuto GRAS. A estirpe MTCC 5856 tem a capacidade de resistir a altas temperaturas e foi incluída em alimentos funcionais cozinhados.

(Majeed e Prakash, 2008).

A capacidade de formação de esporos do B. coagulans ajuda-o a sobreviver a altas temperaturas e a mostrar resistência contra o ambiente gástrico humano agressivo, o que lhe permite proporcionar os benefícios probióticos.

(Majeed e Prakash, 1998).

Verificou-se que *o Bacillus coagulans* MTCC 5856 diminui os sintomas clínicos como inchaço, vómitos, diarreia, dor abdominal e frequência das fezes num ensaio clínico aleatório multicêntrico que sugeriu a sua utilização segura e eficaz no tratamento da diarreia, predominante na síndrome do intestino irritável (SII).

(Majeed *et al.,* 2014).

Os prebióticos são uma alternativa aos probióticos. São definidos como - um ingrediente alimentar não digerível que afecta beneficamente o hospedeiro, estimulando seletivamente o crescimento e/ou a atividade de uma ou de um número limitado de bactérias no cólon, melhorando assim a saúde do hospedeiro. Para que uma substância possa ser classificada como prebiótica, devem ser cumpridos vários critérios: segurança, estabilidade, propriedades organolépticas, resistência à digestão no intestino superior e fermentabilidade no cólon, bem como a capacidade de promover o crescimento de bactérias benéficas no intestino.

(Gibson, 2004).

O consumo de prebióticos tem sido associado a riscos reduzidos de determinadas doenças. Estas incluem a supressão da diarreia associada a infecções intestinais; a redução do risco de osteoporose, uma vez que a inulina promove a absorção de cálcio, aumentando assim a massa óssea; a redução do risco de obesidade e de desenvolvimento de diabetes tipo 2; a neutralização de produtos tóxicos e a diminuição da frequência do cancro do cólon; a estimulação da imunidade.

(Quera *et al.,* 2005).

As sementes da planta de manjericão doce chamada Sabja são utilizadas frequentemente no sistema medicinal tradicional indiano. É originária da Ásia, nomeadamente de Maharashtra, na Índia. O nome científico das sementes de sabja é *Ocimum basilicum.* Quando embebidas em água, as sementes absorvem água e incham até atingirem muitas vezes o seu tamanho original com uma cobertura gelatinosa.

(Begum, 2016).

As sementes de sabja são muito boas para a digestão, pois têm propriedades carminativas. Alivia a flatulência, as cólicas, a indigestão e os problemas de obstipação. Ajuda o corpo a limpar as toxinas.

(http://www.livestrong.com).

Os seus efeitos úteis não se devem apenas ao teor de fibras, mas também ao facto de actuarem como um prebiótico. Formam uma camada ou película calmante sobre a membrana mucosa, ajudando assim a aliviar a dor e a inflamação do revestimento do estômago.

(http://www.mypowai.com).

Para além da abordagem probiótica de introdução direta de bactérias vivas no cólon através de suplementos alimentares, outra abordagem para aumentar o número de bactérias benéficas na microbiota intestinal é através da utilização de prebióticos. Devido à potencial sinergia entre probióticos e prebióticos, os alimentos que contêm uma combinação destes ingredientes são muitas vezes referidos como sinbióticos.

(Collins e Gibson ,1999).

O Synbiotic ajuda a curar e a regular a flora intestinal. Tem propriedades antimicrobianas, antidiarreicas, antialérgicas e anticancerígenas. Ajuda a aliviar a obstipação, regula o sistema imunitário, melhora a tolerância à lactose e ajuda na absorção de minerais.

(Riar *et al,* 2015).

A sinergia dos prebióticos com prebióticos que estimulam especificamente um probiótico fornece opções adicionais para terapias intestinais personalizadas.

(Krumbeck *et al.,* 2016)

Recentemente, as bebidas à base de frutas, legumes, cereais e soja foram propostas como novos produtos que contêm estirpes probióticas: em particular, os sumos de fruta foram referidos como um meio novo e adequado devido ao seu conteúdo de nutrientes essenciais.

(Luckow *et al.,* 2006).

Os sumos podem representar um veículo adequado para os probióticos, uma vez que podem combinar a aparência de alimentos saudáveis e frescos, concebidos para uma vasta gama de consumidores e os benefícios para a saúde dos probióticos.

(Perricone *et al.,* 2014).

Tendo em consideração todos estes pontos, o presente estudo intitulado "Normalização de sumos sinbióticos de valor acrescentado" foi realizado com os seguintes objectivos

> Formular sumos de fruta sinbióticos através da incorporação de uma estirpe probiótica *(Bacillus coagulans)* e de sementes de sabja prebióticas.

> Avaliar a avaliação sensorial dos sumos sinbióticos formulados.

> Analisar o teor de nutrientes dos sumos de fruta sinbióticos.

CAPÍTULO 2

REVISÃO DA LITERATURA

A literatura relativa à presente investigação, intitulada Normalização de sumos sinbióticos de valor acrescentado, é analisada sob os seguintes títulos

2.1. Probióticos para a saúde e o bem-estar

2.2. *Bacillus coagulans:* Probiótico de eleição

2.3. Benefícios para a saúde do *Bacillus coagulans*

2.4. Prebióticos - Precursores para uma boa saúde intestinal

2.5. Sementes de manjericão doce - 'O super alimento'

2.6. Sinbiótico: uma terapia promissora para a saúde intestinal

2.7. Produtos desenvolvidos a partir de probióticos e prebióticos

2.1. Probióticos para a saúde e o bem-estar

Probiótico é definido como "uma preparação ou um produto que contém microrganismos viáveis, definidos e em número suficiente, que alteram a microflora (por implantação ou colonização) num compartimento do hospedeiro e, como tal, exercem efeitos benéficos para a saúde deste hospedeiro".

(Schrezemeir e De Vrese,2001).

O termo probiótico deriva da palavra latina "pro" - para e da palavra grega "biotic" - vida. O termo probiótico foi introduzido pela primeira vez por Lily e Stillwell (1965). As primeiras bactérias probióticas estudadas foram as bactérias do ácido lático (Fuller, 1991). Lactobacillae e Bifidobacterium são os principais probióticos. Outros probióticos são Escherichia, Enterococcus, Bacillus, Saccharomyces, Streptococcus e Propionibacteria.

(Manigandan *et al.,* 2012).

Estudos que envolveram a ingestão de produtos contendo algumas culturas específicas resultaram numa redução da intolerância à lactose, no aumento da atividade do sistema imunológico, na atividade antimicrobiana, na atividade anticarcinogénica e antimutagénica e na redução do nível de colesterol no sangue.

(Agrawal et *al.*, 2009).

As evidências sugerem que os produtos alimentares que contêm bactérias probióticas podem contribuir para a prevenção de doenças coronárias através da redução dos níveis séricos de colesterol, bem como para o controlo da pressão arterial (Sanders, 2003). Estudos efectuados sugerem que a utilização de probióticos está associada a um risco reduzido de diarreia associada a antibióticos (Farland, 2006).

Estudos demonstraram que certos membros das espécies Lactobacillus e Bifidobacterium diminuem os níveis de enzimas carcinogénicas produzidas pela flora do cólon através da normalização da permeabilidade intestinal e do equilíbrio da microflora, bem como da produção de ácidos orgânicos antimutagénicos e do reforço do sistema imunitário do hospedeiro.

(Hirayama e Rafter, 1999).

Os probióticos demonstraram ser eficazes em várias condições - desde diarreia infantil, enterocolite necrosante, diarreia associada a antibióticos, infecções por Helicobacter pylori, inflamação intestinal e infeção urogenital feminina.

(Shida e Nomoto, 2013).

2.2. *Bacillus coagulans:* Probiótico de eleição

A espécie *Lactobacillus Sporogenes* foi originalmente isolada e descrita em 1933 por Horowitz-Wlassowa e Nowotelnow e subsequentemente reclassificada como *Bacillus Sporogenes.* Recentemente, foi demonstrado que Bacillus Sporogenes partilha os mesmos caracteres de *Bacillus coagulans*, pelo que foi transferido para o grupo *Bacillus coagulans.*

(Claus e Berkeley, 1998).

O Bacillus coagulans (anteriormente conhecido como Lactobacillus Sporogenes) é um bastonete Gram positivo com esporos, com um tamanho de 3,0 a 5,0 lm, microaerofílico e que produz predominantemente ácido L (+) lático. A utilização segura e eficaz de muitas estirpes de *Bacillus coagulans* como probiótico, tanto em animais como em seres humanos, está bem documentada e tem uma longa história a nível mundial.

(Jurenka, 2012).

O LactoSpore contém esporos de B. coagulans MTCC 5856 (com o número de referência interno SBC37-01) e é comercializado como suplemento alimentar há mais de duas décadas em todo o mundo. É uma preparação probiótica estável, com certificação GRAS, que produz a forma L (+) benéfica do ácido lático nos intestinos e inibe o crescimento de bactérias patogénicas.

(Majeed e Prakash, 1998).

Há uma série de preparações comerciais contendo esporos *de Bacillus coagulans* como ingredientes probióticos disponíveis em todo o mundo e que se dizem estáveis em condições de temperatura ambiente.

(Hong *et al.,* 2005).

O Bacillus coagulans é capaz de sobreviver aos extremos de calor, acidez do estômago e ácidos biliares - embora, em geral, as estirpes desta espécie sejam bastante heterogéneas (Patel, 2006). As estirpes com estas qualidades têm uma maior probabilidade de sobrevivência através do trato gastrointestinal, permitindo assim a população transitória do intestino delgado e grosso por *Bacillus coagulans*.

(Adami e Cavazzoni, 1999).

Sabe-se que as bactérias do ácido lático produzem dois esteroisómeros de ácido lático, nomeadamente ácido D e L-lático. O ácido L-lático pode ser facilmente metabolizado pelo ser humano, ao passo que o isómero D- não pode ser metabolizado e é considerado um agente causador de acidose.

(Coronado *et al.,* 1995).

Verificou-se que o Bacillus coagulans MTCC 5856 é estável durante o processamento e as respectivas condições de armazenamento de alimentos cozinhados, bebidas, óleo vegetal e xarope de glucose concentrado e até mesmo em café fermentado.

(Majeed *et al.,* 2016).

2.3. Benefícios para a saúde do *Bacillus coagulans*

Um simbiótico contendo *Bacillus coagulans* mostrou melhorias no alívio da dor abdominal e da diarreia em doentes com Síndrome do Intestino Irritável (SII) (Rogha *et al.,*2014). A dor abdominal funcional é uma perturbação gastrointestinal funcional comum entre as crianças em idade escolar. O sinbiótico contendo *Bacillus coagulans* parece ser eficaz no tratamento da PAF infantil (Saneian.H *et al.,* 2015). O produto *à base de Bacillus coagulans* foi eficaz na melhoria da qualidade de vida e na redução dos sintomas gastrointestinais em adultos.

(Kalman *et al.,* 2009).

Um estudo recente revelou que o probiótico *Bacillus coagulans* MTCC 5856 em combinação com um extrato aquoso de canela tem fortes efeitos sinergéticos na fagocitose e na regulação dos níveis de colesterol e de açúcar no sangue, tendo também confirmado que a combinação reduziu os danos intestinais no modelo de colite em ratos.

(Vaclav e Jana, 2013).

Foram relatadas várias preparações de Bacillus coagulans em pó, comprimidos e cápsulas para o tratamento de distúrbios gastrointestinais, infecções vaginais, hipercolesterolemia, intolerância à lactose, coma hepático e como adjuvante da terapia antibiótica em ensaios clínicos humanos.

(Majeed e Prakash, 1998).

Um pequeno grupo de pacientes com hiperlipidemia foi tratado com Bacillus coagulans durante três meses e avaliado quanto aos níveis séricos de lípidos. A administração de *Bacillus coagulans* foi associada a uma redução significativa dos níveis séricos de colesterol total e de colesterol LDL.

(Sanders , 2003).

Jager *et al.,* 2016 avaliaram o efeito da administração de proteínas e probióticos no dano muscular, na recuperação e no desempenho físico. Os resultados fornecem evidências de que a suplementação probiótica de Bacillus coagulans em combinação com proteínas tende a reduzir o dano muscular, melhora a recuperação e mantém o desempenho físico após o exercício prejudicial.

O probiótico Bacillus coagulans, formador de esporos, tem sido relatado como um apoio a uma função digestiva e imunitária saudável. O Bacillus coagulans melhora a saúde das células do revestimento intestinal e melhora a absorção de nutrientes, incluindo minerais, péptidos e aminoácidos, diminuindo a inflamação e incentivando o desenvolvimento ótimo da área de absorção das vilosidades (Kimmel *et al.,* 2010). O Bacillus coagulans, quando tomado por via oral, também demonstrou efeitos benéficos no ambiente intestinal.

(katsutoshi , 2003).

2.4. Prebióticos - Precursores para uma boa saúde intestinal

Os prebióticos podem ser definidos como ingredientes alimentares não digeríveis que afectam o organismo de forma benéfica, estimulando seletivamente o crescimento e/ou a atividade de um número limitado de bactérias no cólon.

(Roberfroid, 2007).

O termo prebiótico é aplicado a substâncias que promovem o crescimento de microorganismos benéficos no intestino (Sgarbieri e Pacheco, 1999). Os prebióticos são substâncias que modificam a microflora do cólon, estimulando a proliferação e o crescimento de bactérias não patogénicas com potencial de promoção da saúde, nomeadamente *os Lactobacilos* e *as Bifidobactérias.*

(Silva e Nornberg,2003).

Alguns exemplos de prebióticos incluem os fruto-oligossacáridos, os galacto-oligossacáridos, a arabinose, a galactose, a inulina, a rafinose, a manose, a lactulose, a estaquiose, os mananoligossacáridos, os xilo-oligossacáridos, a palatinose, a lactosucrose, os glicooligossacáridos, os isomaltooligossacáridos, os oligossacáridos de soja, etc.

(Huebner *et al.,* 2007).

Os benefícios para a saúde são atribuídos aos prebióticos: alívio da má digestão da lactose, aumento da resistência às infecções bacterianas, melhor resposta imunitária e possível proteção contra o cancro, redução do risco de doenças como as doenças intestinais, as doenças cardiovasculares, a diabetes não insulino-dependente, a obesidade e a osteoporose.

(Maria *et al.*, 2011).

Os ingredientes alimentares com características prebióticas apresentam geralmente certas características únicas, tais como hidrólise e absorção limitadas no trato gastrointestinal superior, estimulação selectiva da multiplicação de bactérias benéficas no cólon, potencial para suprimir os agentes patogénicos e limitar a virulência através de processos como a imunoestimulação e a estimulação da microflora benéfica, que promovem a resistência à colonização por agentes patogénicos.

(Urgell *et al.*, 2005).

Vários estudos demonstraram as propriedades funcionais dos fruto-oligossacáridos, tais como a redução dos níveis de colesterol e de glicose no sangue, a diminuição da tensão arterial e uma melhor absorção do cálcio e do magnésio.

(Coundray *et al.*, 2003).

Estudos experimentais demonstraram que a aplicação de inulina e oligofrutose actua como factores bifidogénicos. Como consequência da sua utilização, verifica-se uma estimulação do sistema imunitário do hospedeiro, uma redução dos níveis de bactérias patogénicas no intestino, o alívio da obstipação e uma diminuição do risco de osteoporose resultante da estimulação da absorção de minerais, nomeadamente do cálcio.

(Kaur e Guptha, 2002).

A ingestão de galacto-oligossacáridos promove a proliferação de bifidobactérias e a redução de bactérias deteriorantes, provocando assim efeitos benéficos para a saúde humana, como a desintoxicação do fígado pela redução de metabolitos tóxicos; a prevenção da diarreia patogénica devido à produção de ácidos gordos de cadeia curta pelas bifidobactérias; a ajuda em casos de obstipação; o aumento da tolerância à lactose.

(Browns e Vermeer, 2000).

2.5. Sementes de manjericão doce - 'O super alimento'

As sementes de manjericão são originárias da Índia, onde crescem há milhares de anos. É uma erva medicinal importante, com muitas propriedades medicinais. Encontra-se nas regiões tropicais e subtropicais do mundo.

Nome científico - *Ocimum Basilicum*

Tamil - Thiruneetru Pachilai Vithai / Thiruneetru pachai vithai

Hindi - Sabja

Malayalam - Tirunitru

Telugu - Sabja Vittanalu

O nome botânico do manjericão doce é *Ocimum basilicum* e pertence à família *Lamiaceae.* O nome do género Ocimum deriva da palavra grega "OZO" (significa cheirar), devido aos fortes odores das espécies do género. O nome da espécie pode ter sido derivado da palavra grega basileus, ou rei. O manjericão doce é também referido como o rei das ervas.

Classificação taxonómica:

REINO - Plantae

PHYLUM - Mangnoliophyta

CLASSE - Mangnoliopsida

ORDEM- Lamiales

FAMÍLIA - Lamiaceae

Género - Ocimum

ESPÉCIE - *Ocimum basilicum*

(http://www.mavcure.com

As sementes de manjericão também são conhecidas como sabja, tukmaria, falooda, etc. A utilização das sementes de manjericão é enorme; é sobretudo utilizada para reparar problemas de saúde. A sabja é considerada um dos melhores medicamentos ayurvédicos e a erva mais cara do mercado. É uma erva de origem asiática que se encontra disponível durante todo o ano. Possui um aroma único e um efeito antibiótico, antissético, antifúngico, antibacteriano, anti-infecioso, anti-úlcera, antiviral, anti-oxidante, etc. As sementes de Sabja foram consideradas a erva mais útil nos tempos antigos para acalmar, tratar e curar várias bactérias ou problemas de saúde.

As sementes de manjericão contêm uma boa quantidade de proteínas, minerais e vitaminas. O folato, a fibra alimentar, a niacina, o ácido pantoténico, a piridoxina, a riboflavina, a tiamina, a vitamina A, K, E, C, encontram-se disponíveis no sabja. Por outro lado, o sódio, o potássio, o cálcio, o cobre, o ferro, o magnésio, o manganês, o zinco, etc. são os minerais que se encontram nas sementes de manjericão. Contém também beta-caroteno, beta-criptoxantina e luteína-zeaxantina.

O efeito carminativo subsistente na tukmaria (semente de manjericão) ajuda a facilitar o sistema digestivo. O efeito antibacteriano e anti-infecioso das sementes de sabja ajuda a tratar doenças respiratórias. Funciona como um excelente estimulante do humor e ajuda a aliviar o stress.

As sementes de manjericão contêm antioxidantes, anti-infecciosos e vitamina C em boa quantidade, o que ajuda a eliminar os tóxicos do corpo. Funciona como um excelente desintoxicante e ajuda a purificar o sangue e a aliviar as náuseas e os vómitos. Ajuda a acalmar e a curar o problema da úlcera e também ajuda a melhorar e a promover um sistema imunitário saudável e ativo.

(http://www.angelmeds.com).

As sementes de manjericão doce são uma boa fonte de fibras alimentares solúveis, que têm vários efeitos fisiológicos no trato gastrointestinal e subsequentes efeitos sistémicos. As fibras alimentares solúveis formam um gel e aumentam a viscosidade e a viscosidade do conteúdo estomacal, retardam o esvaziamento gástrico, enchem o estômago e proporcionam uma sensação de saciedade, parecem abrandar a velocidade de digestão e absorção dos alimentos e aumentam o volume fecal e a velocidade de passagem através do intestino grosso. Assim, a fibra alimentar solúvel tem sido utilizada no tratamento de perturbações gastrointestinais, diabetes mellitus, hipercolesterolemia e obesidade.

(Jama, 1989).

Muangman *et al.,* 1985, relataram um efeito benéfico da ingestão de sementes de manjericão doce na redução da incidência de obstipação em 53 pacientes idosos em pós-operatório. As sementes de manjericão têm sido tradicionalmente utilizadas como remédio natural para o tratamento de indigestão, úlcera, diarreia, dores de garganta e perturbações renais.

(Vieira e Simon, 2000).

As sementes de manjericão são compostas principalmente por duas fracções principais, 1) Glucomananos (43%) e xilano ligado (24,3%) (Anjaneyalu *et al.,* 1983). Um estudo (Chen, 2006) descobriu que o grupo que utilizou glucomananos também apresentou um aumento significativo de bifidobactérias úteis, lactobacilos e bactérias totais. Um estudo realizado em pessoas com diabetes tipo 2 (Grill, 2010) mostrou que os principais sinais de fome (como a grelina) diminuíram após a ingestão de uma refeição com Glucomananas.

A xilana é absolutamente essencial para o funcionamento das bactérias probióticas no cólon. Esta é a atual abordagem prebiótica para melhorar a saúde intestinal.

(http://www.nutraingredients.com).

As sementes de manjericão doce incham rapidamente numa massa gelatinosa quando mergulhadas em água. Em muitos países asiáticos, a mucilagem e as sementes de manjericão doce são engarrafadas como uma bebida popular. As sementes de manjericão doce também são vendidas como alimento de dieta para fazer bebidas, porque a mucilagem tende a encher o estômago facilmente, reduzindo o desejo de comer.

(Azoma e Sakamoto, 2003).

As sementes de manjericão são utilizadas há muito tempo na medicina tradicional para tratar úlceras cólicas, dispepsia, diarreia e inflamações, entre outras doenças. No Irão e em muitas partes da Ásia, as sementes de manjericão são frequentemente incluídas em bebidas (Sharbat) e sobremesas geladas (Falooda) para fins estéticos, bem como uma fonte de fibra alimentar. As sementes de manjericão são de cor preta e de forma oval, com dimensões médias de 3,11 ± 0,29 mm (comprimento), 1,82 ± 0,26 mm (largura) e 1,34 ± 0,19 mm (altura)

(Hosseini, 2007).

Na Arábia Saudita, foram avaliados 13 tipos diferentes de sementes. Nela, as sementes de sabja *(Ocimum basilicum)* (Lamiaceae) revelaram-se eficazes no tratamento de febres, cólicas abdominais, gastroenterite, obstipação, náuseas e má digestão, sendo também úteis na redução do colesterol no sangue.

(Bishri e Danial., 2013).

As sementes de manjericão melhoram a digestão, reforçam o sistema imunitário, combatem o stress e ajudam a curar doenças respiratórias. As sementes de sabja actuam como "demulcentes", o que significa que formam uma camada ou película calmante sobre a membrana mucosa, ajudando assim a aliviar a dor e a inflamação do revestimento do estômago.

A nova investigação sugere que os seus efeitos úteis não se devem apenas ao teor de fibras, mas também ao facto de actuarem como um prebiótico.

(http://www.truthnhealth.com).

2.6. Sinbiótico: uma terapia promissora para a saúde intestinal

As terapias prebióticas e probióticas são novas estratégias que estão a ser utilizadas para tratar doenças gastrointestinais. Evidências recentes sugerem que a administração de prebióticos e probióticos seleccionados, isoladamente ou em combinação, designados por simbióticos, pode melhorar o resultado clínico de doentes com colite ulcerosa.

(Haskey e Dahl, 2006).

A colite ulcerosa (CU) é uma doença inflamatória aguda e crónica do intestino grosso de etiologia desconhecida. Acredita-se que a resposta imunitária contra os microrganismos comensais normais seja a causa dos processos inflamatórios associados à CU. Por conseguinte, a modulação das comunidades bacterianas na mucosa intestinal, através da utilização de probióticos e prebióticos, pode ser utilizada para modificar o estado da doença. O tratamento sinbiótico a curto prazo da Colite Ulcerosa (CU) ativa resultou numa melhoria do aspeto clínico completo da inflamação crónica nos doentes que receberam esta terapia.

(Furrie *et al.*, 2005).

Suchiya *et al.*, 2004, avaliaram a eficácia de uma preparação sinbiótica no Síndroma do Intestino Irritável (SII). Os simbióticos exercem um efeito benéfico na translocação intestinal. Os resultados revelaram que existe uma melhoria significativa no alívio da dor e do inchaço e que também se verificou um benefício nos hábitos intestinais, sobretudo nos doentes com obstipação ou hábitos intestinais alternados.

A doença inflamatória intestinal (DII) é uma doença crónica recidivante que envolve uma interação desregulada entre o hospedeiro e o microbiota. Os probióticos e prebióticos podem oferecer uma nova opção terapêutica para o tratamento da DII e reduzir a inflamação intestinal.

(Geir *et al.*, 2007).

A obstipação é um problema comum nas crianças. Os simbióticos mostraram efeitos positivos nos sintomas da obstipação infantil sem quaisquer efeitos secundários.

(Khodadad e Sabbaghian , 2010).

Ahmed *et al.*,2014 concluíram que os simbióticos são úteis na gestão e prevenção da diarreia aquosa aguda em bebés e crianças pequenas. Os simbióticos reduzem a frequência das fezes e a duração da doença.

Verificou-se que os probióticos, os prebióticos e as suas combinações são clinicamente eficazes para um grande número de perturbações intestinais como as DII, a digestão, a diarreia dos viajantes e para melhorar/ajudar a manter a saúde geral.

(Vyas e Ranganathan, 2012).

Raman *et al.*, 2013, concluíram que os probióticos, os prebióticos e os simbióticos são uma escolha ideal para a prevenção da carcinogénese. Os sinbióticos sinérgicos que contêm prebióticos que estimulam especificamente um probiótico oferecem opções adicionais para terapias intestinais personalizadas.

(Krumbeck *et al.*, 2016).

2.7. Produtos desenvolvidos a partir de probióticos e prebióticos

O aumento da procura de alimentos funcionais nos últimos anos está intimamente relacionado com a crescente preocupação da sociedade com a saúde e a qualidade de vida. Além disso, os consumidores estão mais informados e sensibilizados para os alimentos que podem beneficiar a saúde.

No mercado de consumo encontram-se vários produtos industriais que contêm prebióticos adicionados: produtos lácteos, pães, sumos de fruta, margarina, massas, sobremesas lácteas, gelados, cereais, leite, iogurte, bolachas, refrigerantes em geral, bebidas isotónicas, açúcar líquido e açúcar modificado, chocolates e rebuçados.

(sousa *et al.,* 2011).

O efeito de um biscoito enriquecido com inulina foi avaliado em pacientes obesos sobre os factores de risco cardiovascular. Não se registaram alterações nos parâmetros antropométricos e o aumento da ingestão de fibras solúveis não produziu qualquer efeito adverso gastrointestinal. O aumento da ingestão de fibras (3 g de inulina) de uma bolacha enriquecida reduziu os níveis de colesterol LDL em pacientes obesos.

(Luis *et al.,* 2010).

Os prebióticos estão a ser utilizados na indústria alimentar como ingredientes funcionais em bebidas (sumos de fruta, café, cacau, chá, refrigerantes e bebidas alcoólicas), produtos lácteos (leite fermentado, leite em pó e gelados), iogurtes probióticos e produtos sinbióticos.

(Mussatto *et al.,* 2007).

Foram formulados novos produtos alimentares com a adição de culturas probióticas. Foram utilizados diferentes tipos de matrizes alimentares, tais como vários tipos de queijo, gelados, sobremesas à base de leite, leite em pó para recém-nascidos, manteiga, maionese, produtos em pó ou cápsulas e alimentos fermentados de origem vegetal.

(Tamime *et al.,* 2005).

Vários produtos alimentares dietéticos contendo probióticos têm sido extensivamente estudados para diferentes benefícios para a saúde humana em todo o mundo (Lollo *et al.,* 2013). Em todo o mundo, os produtos probióticos não lácteos estão a ganhar importância devido à tendência atual para o vegetarianismo e a uma elevada prevalência de intolerância à lactose na maioria das populações em todo o mundo. Os sumos de fruta, as sobremesas e os produtos à base de cereais podem ser outros meios adequados para a administração de probióticos

(Cargill, 2009).

O estudo revelou uma bebida probiótica de qualidade satisfatória com valor terapêutico preparada utilizando uma mistura de 65:35 de soro de leite e sumo de ananás inoculado com 1% de inóculo de *Lactobacillus acidophilus.*

(Shukla *et al.,* 2013).

CAPÍTULO 3

METODOLOGIA

QUADRO 1
LISTA DE EQUIPAMENTOS

S.N.	EQUIPAMENTOS	OBJECTIVO
1	Balança de pesagem	Pesar as matérias-primas
2	Saldo eletrónico (BCE 300)	Para pesar os produtos químicos
3	Centrífuga (Borosil)	Para clarificar a solução
4	Medidor de pH	Para encontrar o pH
5	Kel mais aparelho	Para a estimativa de proteínas
6	Colorímetro fotoelétrico	Para a estimativa do β-caroteno e do ferro
7	Espectrofotómetro de absorção atómica	Para a estimativa do zinco e do magnésio
8	Espectrofotómetro UV	Para a estimativa de polifenóis, flavonóides e antioxidantes.
9	Forno de ar quente	Para fins analíticos
10	Câmara de fluxo de ar laminar	Para análise microbiana
11	Refratómetro	Para determinar os SST (sólidos solúveis totais)
12	Frigorífico	Para armazenar os reagentes e os produtos
13	Aparelho Fibro plus (FES2-Pelicon)	Estimativa da fibra bruta
14	Mixie	Para triturar os ingredientes

15	Autoclave	Para esterilização

3.2. MÉTODOS

O modelo adotado para a normalização dos sumos sinbióticos de valor acrescentado é apresentado na Figura 1.

3.2.1. Preparação preliminar dos sumos de frutos

Os frutos frescos maduros (papaia, ananás e romã) foram comprados no mercado local. Os frutos frescos foram limpos, lavados, descascados e cortados em pedaços e o sumo foi extraído com um espremedor.

3.2.2. Preparação de sumos sinbióticos

Os sumos simbióticos foram preparados incorporando 0,2 g de *Bacillus coagulans* como probiótico e sementes de sabja como prebiótico em diferentes proporções (0,5 g, 1 g e 1,5 g) em sumos de fruta, nomeadamente papaia, ananás e romã. O probiótico *Bacillus coagulans* e as sementes de sabja prebióticas são apresentados na placa 1.

3.2.2.1 Desenvolvimento de um sumo de papaia sinbiótico

A proporção dos ingredientes utilizados no desenvolvimento do sumo de papaia simbiótico (SPJ) é apresentada no Quadro 2.

FIGURA 1

Fluxograma para a normalização dos sumos sinbióticos de valor acrescentado

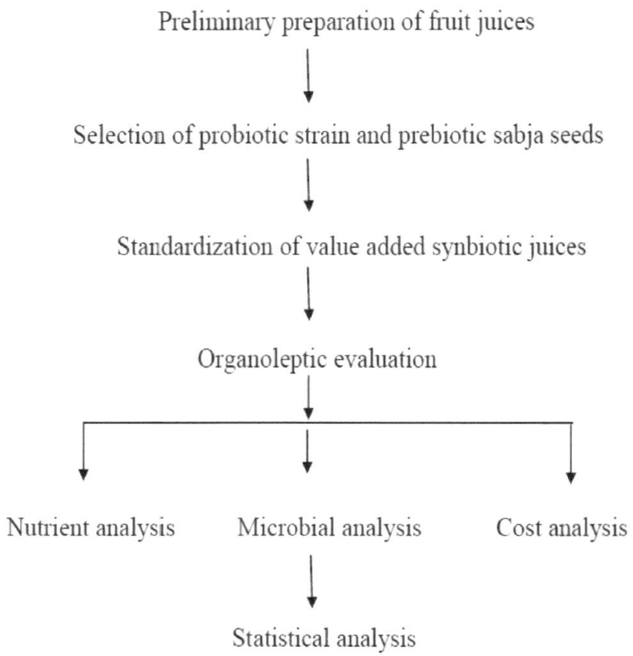

PLACA 1

Probiótico *Bacillus coagulans*

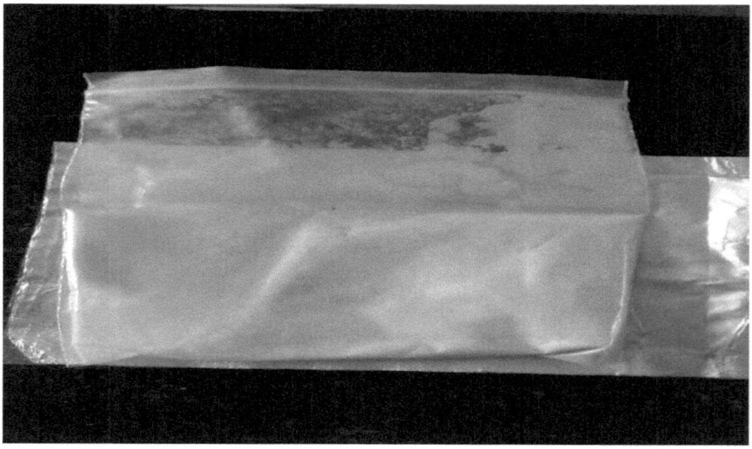

Sementes de Sabja prebióticas

QUADRO 2

Proporção de ingredientes utilizados no desenvolvimento do SPJ

S.N.	Ingredientes	SPJ1	SPJ2	SPJ3
1	Sumo de papaia (ml)	180	180	180
2.	Probiótico *Bacillus coagulans* (g)	0.2	0.2	0.2
3.	Sementes de Sabja prebióticas (g)	0.5	1	1.5
4.	Açúcar (g)	20	20	20

SPJ = Sumo de papaia simbiótico

SPJ1 = 0,5 g de sementes de sabja adicionadas ao sumo de papaia Synbiotic.

SPJ2 = 1 g de sementes de sabja adicionadas ao sumo de papaia Synbiotic.

SPJ3 = 1,5 g de sementes de sabja adicionadas ao sumo de papaia Synbiotic.

Procedimento

O sumo de papaia simbiótico foi preparado incorporando 0,2 g do probiótico *Bacillus coagulans* e das sementes de sabja prebióticas em diferentes proporções, como 0,5 g (SPJ1), 1 g (SPJ2) e 1,5 g (SPJ3), respetivamente. A quantidade medida de açúcar foi adicionada ao sumo de papaia simbiótico e foi bem misturada durante 30 minutos e refrigerada a 4 C. A preparação do sumo de papaia simbiótico é apresentada na Figura 2 e o sumo de papaia simbiótico é apresentado na placa 2.

FIGURA 2

Fluxograma para o desenvolvimento de um sumo de papaia sinbiótico

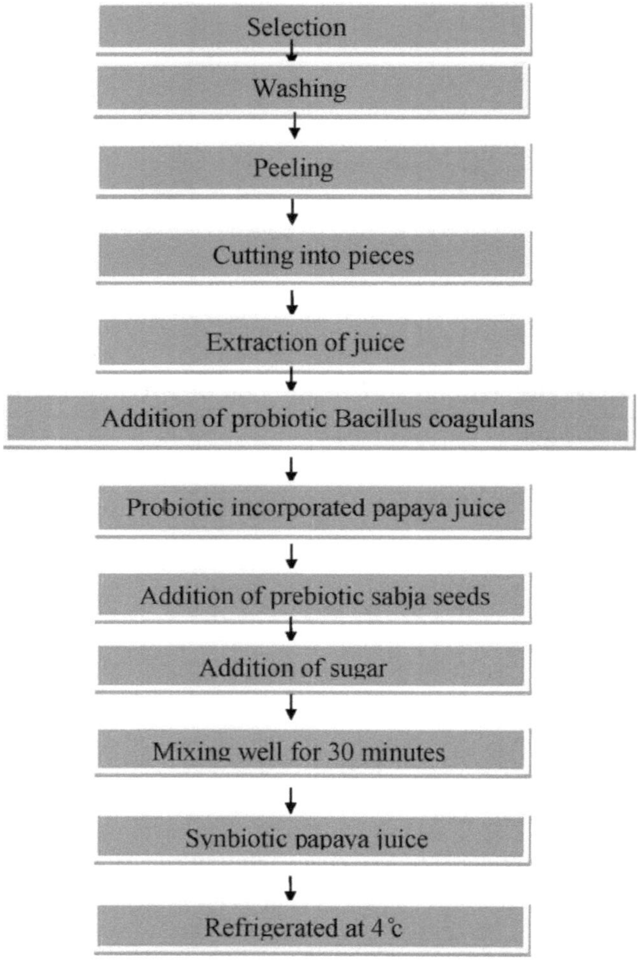

PLACA 2

Sumo de papaia simbiótico

C - Sumo de papaia de controlo

SPJ1 - 0,5 g de sementes de sabja adicionadas de sumo de papaia sinbiótico

SPJ2 -1g de sementes de sabja adicionadas de sumo de papaia sinbiótico

SPJ3 -1,5 g de sementes de sabja adicionadas de sumo de papaia sinbiótico

3.2.2.2 Desenvolvimento de um sumo de ananás sinbiótico

A proporção dos ingredientes utilizados no desenvolvimento do sumo de ananás simbiótico (SPAJ) é apresentada no Quadro 3.

QUADRO 3

Proporção de ingredientes utilizados no desenvolvimento do SPAJ

S.N.	Ingredientes	SPAJ1	SPAJ2	SPAJ3
1	Sumo de ananás (ml)	180	180	180
2.	Probiótico *Bacillus coagulans* (g)	0.2	0.2	0.2
3.	Sementes de Sabja prebióticas (g)	1	1.5	2
4.	Açúcar (g)	20	20	20

SPAJ = Sumo de ananás simbiótico.

SPAJ1 = 0,5 g de sementes de sabja adicionadas ao sumo de ananás Synbiotic.

SPAJ2 = 1 g de sementes de sabja adicionadas ao sumo de ananás Synbictic.

SPAJ3 = 1,5 g de sementes de sabja adicionadas ao sumo de ananás Synbiotic.

Procedimento

O sumo de ananás sinbiótico foi preparado incorporando 0,2 g de probiótico *Bacillus coagulans* e sementes de sabja prebióticas em diferentes proporções, como 0,5 g (SPAJ1), 1 g (SPAJ2) e 1,5 g (SPAJ3), respetivamente. A quantidade medida de açúcar foi adicionada ao sumo de ananás simbiótico e foi bem misturada durante 30 minutos e refrigerada a 4 C. A preparação do sumo de ananás simbiótico é apresentada na Figura 3 e o sumo de ananás simbiótico é apresentado na placa 3.

FIGURA 3

Fluxograma para o desenvolvimento de um sumo de ananás sinbiótico

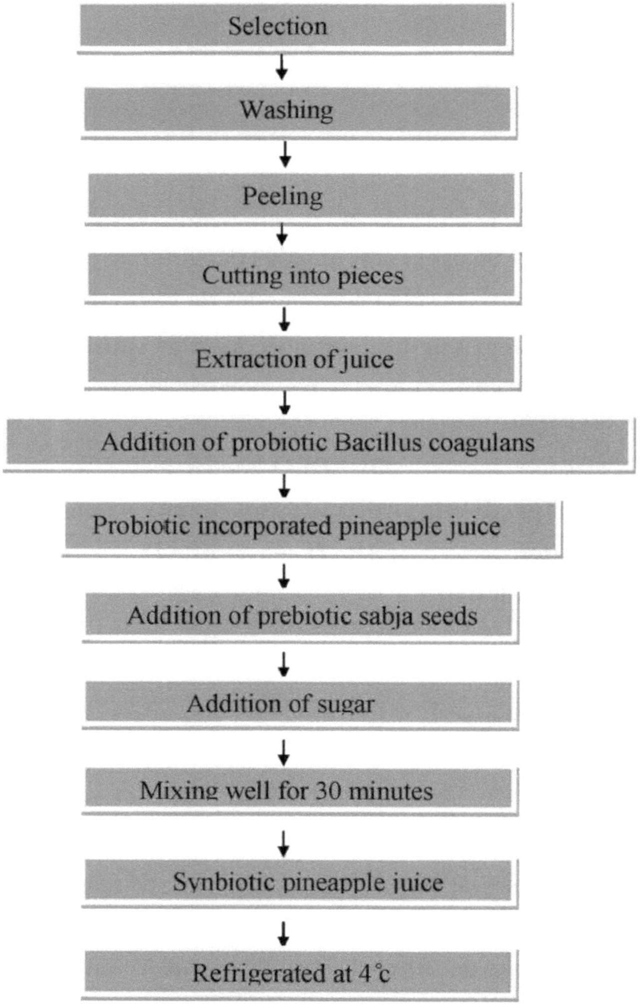

PLACA 3

Sumo de ananás simbiótico

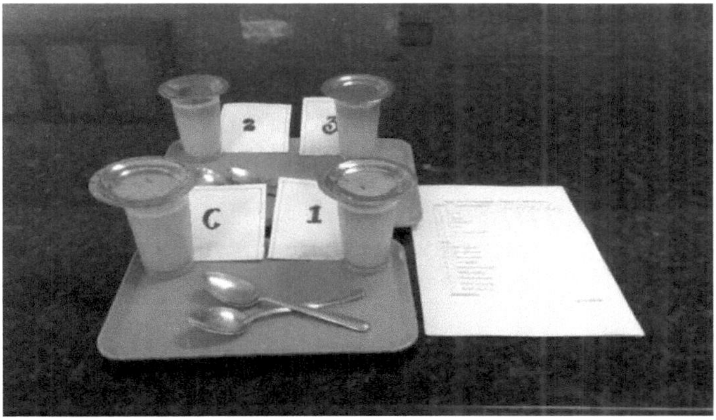

C - Sumo de ananás de controlo

SPAJ1 - 0,5 g de sementes de sabja adicionadas de sumo de ananás sinbiótico

SPAJ2 -1g de sementes de sabja adicionadas de sumo de ananás sinbiótico

SPAJ3 -1,5 g de sementes de sabja adicionadas de sumo de ananás sinbiótico

3.2.2.3 Desenvolvimento de um sumo de romã sinbiótico

A proporção dos ingredientes utilizados no desenvolvimento do sumo de romã simbiótico (SPOJ) é apresentada no Quadro 4.

QUADRO 4

Proporção de ingredientes utilizados no desenvolvimento de SPOJ

S.N.	Ingredientes	SPOJ1	SPOJ2	SPOJ3
1	Sumo de romã (ml)	180	180	180
2.	Probiótico *Bacillus coagulans* (g)	0.2	0.2	0.2
3.	Sementes de Sabja prebióticas (g)	1	1.5	2
4.	Açúcar (g)	20	20	20

SPOJ = Sumo de romã simbiótico

SPOJ1 = 0,5 g de sementes de sabja adicionadas a sumo de romã Synbiotic.

SPOJ2 = 1 g de semente de sabja adicionada de sumo de romã Synbiotic

SPOJ3 = 1,5 g de sementes de sabja adicionadas de sumo de romã Synbiotic.

Procedimento

O sumo de romã simbiótico foi preparado incorporando 0,2 g de *Bacillus coagulans* probiótico e sementes de sabja prebióticas em diferentes proporções, como 0,5 g (SPOJ1), 1 g (SPOJ2) e 1,5 g (SPOJ3), respetivamente. A quantidade medida de açúcar foi adicionada ao sumo de romã sinbiótico e foi bem misturada durante 30 minutos e refrigerada a 4 °C. A preparação do sumo de romã simbiótico é apresentada na figura 4 e o sumo de romã simbiótico é apresentado na placa 4

FIGURA 4

Fluxograma para o desenvolvimento de um sumo de romã sinbiótico

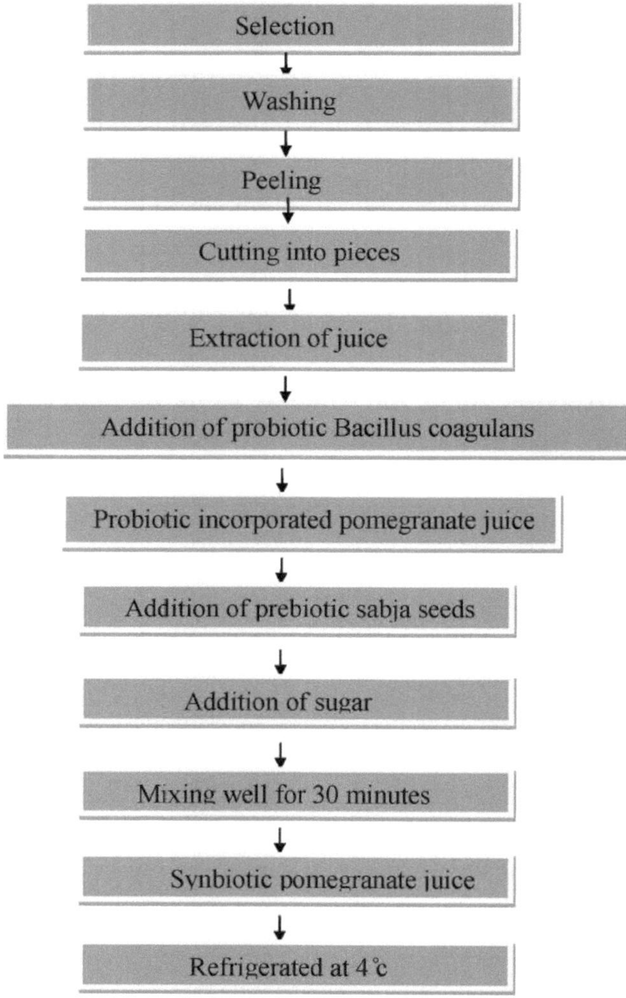

PLACA 4

Sumo de romã simbiótico

C - Controlo do sumo de romã

SPOJ1 - 0,5 g de sementes de sabja adicionadas de sumo de romã sinbiótico

SPOJ2 -1g de sementes de sabja adicionadas de sumo de romã sinbiótico

SPOJ3 -1,5 g de sementes de sabja adicionadas de sumo de romã sinbiótico

3.2.3 Avaliação organoléptica

O sentido sensorial é definido como a disciplina científica utilizada para evocar, medir, analisar e interpretar as reacções às características dos alimentos e dos materiais, tal como são percebidas através dos sentidos da visão, do olfato, do paladar, do tato e da audição (Sivalingam, 2005).

Os sumos simbióticos (papaia, ananás e romã) foram preparados incorporando o probiótico Bacillus coagulans a um nível de 0,2 g e as sementes de sabja prebióticas a um nível de 0,5g, 1g e 1,5g, respetivamente. Foi avaliado por um painel de juízes utilizando um cartão de pontuação com uma escala hedónica de nove pontos. O cartão de pontuação para os sumos sinbióticos como a papaia, o ananás e a romã foram anexados nos apêndices I, II e III, respetivamente.

3.2.4 Análise de nutrientes

A análise dos nutrientes de uma determinada amostra fornece informações sobre a sua composição (Singh, 2003).

O desenvolvimento e a avaliação de sumos simbióticos (papaia, ananás e romã) foram submetidos a análises de nutrientes, nomeadamente hidratos de carbono, proteínas, fibra bruta, β-caroteno, vitamina C, ferro, zinco, magnésio e parâmetros físico-químicos como sólidos solúveis totais (SST), pH, acidez, fenóis totais, flavonóides, antioxidantes totais. O procedimento adotado para analisar os vários nutrientes é apresentado no apêndice IV.

3.2.5 Análise microbiana

A carga microbiana (bactérias) foi enumerada em sumos simbióticos, nomeadamente papaia, ananás e romã. O método adotado para a análise foi descrito por Istawan Kiss (1984) e o procedimento foi anexado no apêndice V

3.2.6 Análise de custos

O custo dos sumos simbióticos, nomeadamente da papaia, do ananás e da romã, foi analisado tendo em conta os custos fixos e variáveis incluídos durante o processo de transformação e produção. A análise de custo-benefício dos sumos sinbióticos desenvolvidos foi feita e está anexada nos apêndices VI, VII e VIII.

3.2.7 Análise estatística

A estatística é o estudo da recolha, organização, análise, interpretação e apresentação de massas de dados numéricos. (http://www.merriam-webster.com). Os resultados obtidos na análise dos sumos sinbióticos de valor acrescentado, ou seja, papaia, ananás e romã, foram analisados estatisticamente através do teste T emparelhado.

CAPÍTULO 4

RESULTADOS E DISCUSSÃO

Os dados recolhidos na presente investigação, intitulada Normalização de sumos sinbióticos de valor acrescentado, foram consolidados, analisados estatisticamente e apresentados nos seguintes pontos

4.1 Aceitabilidade dos sumos de controlo e dos sumos sinbióticos (papaia, ananás e romã)

4.2 Análise dos nutrientes dos sumos de controlo e dos sumos simbióticos.

4.3 Parâmetros físico-químicos dos sumos de controlo e dos sumos simbióticos: papaia, ananás e romã.

4.4 Análise microbiana de sumos de controlo e sinbióticos, nomeadamente papaia, ananás e romã.

4.5 Análise de custos dos sumos sinbióticos.

4.1 Aceitabilidade dos sumos de controlo e dos sumos sinbióticos (papaia, ananás e romã)

Os sumos simbióticos como a papaia, o ananás e a romã foram preparados incorporando o probiótico *Bacillus coagulans* e as sementes de sabja prebióticas a um nível de 0,5, 1 e 1,5 por cento, respetivamente. Os resultados do ensaio de aceitabilidade são discutidos a seguir.

4.1.1 Aceitabilidade dos sumos de papaia de controlo e sinbióticos

O sumo de papaia simbiótico foi preparado incorporando 0,2 g de *Bacillus coagulans* e sementes de sabja a um nível de 0,5, 1 e 1,5 por cento, respetivamente, e a aceitabilidade de cada atributo sensorial é apresentada no Quadro 5

QUADRO 5

Pontuações médias obtidas para a aceitabilidade global dos sumos de papaia de controlo e sinbióticos

Atributos sensoriais	**Cor**	**Sabor**	**Consistência**	**Gosto**	**Aceitabilidade global**	**Pontuações médias globais**
Controlo	8.8	8.5	8.7	9	9	**8.8**
SPJ1	8.7	8.3	8.2	8	8	**8.2**

SPJ2	8.7	8.2	8.3	8.4	8	**8.3**
SPJ3	8.8	8.5	8.5	8.4	9	**8.6**

SPJ1 - 0,5 g de semente de Sabja adicionada de sumo de papaia sinbiótico.

SPJ2 - 1g de semente de sabja adicionada de sumo de papaia sinbiótico.

SPJ3 - 1,5 g de semente de sabja adicionada de sumo de papaia sinbiótico.

Entre os sumos de papaia sinbióticos, as pontuações globais de aceitabilidade para o Controlo, SPJ1, SPJ2 e SPJ3 foram 9, 8, 8 e 9, respetivamente. As pontuações médias globais para o SPJ 1 e SPJ 2 foram de 8,2 e 8,3, respetivamente, enquanto que no SPJ 3 a pontuação média global foi de 8,6, com um sabor (8,5), consistência (8,5) e paladar (8,4) altamente aceitáveis. Os resultados revelaram que o SPJ3 obteve as pontuações mais elevadas em todos os atributos sensoriais, seguido do SPJ2 e do SPJ1, e a pontuação média global do SPJ3 foi mais ou menos igual à da amostra de controlo.

4.1.2 Aceitabilidade dos sumos de ananás de controlo e sinbióticos

O sumo de ananás simbiótico foi preparado incorporando 0,2 g de *Bacillus coagulans* e sementes de sabja a um nível de 0,5, 1 e 1,5 por cento, respetivamente, e a aceitabilidade de cada atributo sensorial é apresentada no Quadro 6

QUADRO 6

Pontuações médias obtidas para a aceitabilidade global dos sumos de ananás de controlo e sinbióticos

Atributos sensoriais	Cor	Aroma	Consistência	Gosto	Aceitabilidade global	Pontuações médias globais
Controlo	8.9	8.7	8.8	9	9	**8.9**
SPAJ1	8.6	8.3	8.3	8	8	**8.2**
SPAJ2	8.6	8.5	8.5	8.4	8.5	**8.5**
SPAJ3	8.8	8.6	8.8	8.9	9	**8.8**

SPAJ1 - 0,5 g de sumo de ananás sinbiótico adicionado de sementes de Sabja.

SPAJ2 - 1g de sementes de sabja adicionadas a sumo de ananás sinbiótico.

SPAJ3 - 1,5 g de sumo de ananás sinbiótico adicionado de sementes de sabja.

Entre os sumos de ananás sinbióticos, as pontuações globais de aceitabilidade para o controlo, SPAJ1, SPAJ2 e SPAJ3 foram de 9, 8, 8,5 e 9, respetivamente. As pontuações médias globais para o SPAJ1 e o SPAJ2 foram de 8,2 e 8,5, respetivamente, enquanto que para o SPAJ3 a pontuação média global foi de 8,8, com um sabor (8,6), uma consistência (8,8) e um paladar (8,9) altamente aceitáveis. Os resultados revelaram que a SPAJ3 obteve a pontuação mais elevada em todos os atributos sensoriais, seguida da SPAJ2 e da SPAJ1, e que a pontuação média global da SPAJ3 foi mais ou menos igual à da amostra de controlo.

4.1.3 Aceitabilidade dos sumos de romã de controlo e sinbióticos

O sumo de romã simbiótico foi preparado incorporando 0,2 g de *Bacillus coagulans* e sementes de sabja a um nível de 0,5, 1 e 1,5 por cento, respetivamente, e a aceitabilidade de cada atributo sensorial é apresentada no Quadro 7

QUADRO 7

Pontuações médias obtidas para a aceitabilidade global dos sumos de romã de controlo e sinbióticos

Atributos sensoriais	Cor	Sabor	Consistência	Gosto	Aceitabilidade global	Pontuações médias globais
Controlo	8.8	8.6	8.9	8.9	8.9	**8.8**
SPOJ1	8.4	8.4	8.4	8.5	8.5	**8.4**
SPOJ2	8.6	8.5	8.7	8.7	8.7	**8.6**
SPOJ3	8.7	8.6	8.9	9	9	**8.8**

SPOJ1 - 0,5 g de sementes de Sabja adicionadas de sumo de romã sinbiótico.

SPOJ2 - 1g de semente de sabja adicionada de sumo de romã sinbiótico.

SPOJ3 - 1,5 g de semente de sabja adicionada de sumo de romã sinbiótico.

Entre os sumos de romã sinbióticos, as pontuações globais de aceitabilidade para o controlo, SPOJ 1, SPOJ2 e SPOJ3 foram de 8,9, 8,5, 8,7 e 9, respetivamente. As pontuações médias globais para o SPOJ1 e o SPOJ2 foram de 8,4 e 8,6, respetivamente, ao passo que no SPOJ3 a pontuação média global foi de 8,8, com um sabor (8,6), consistência (8,9) e paladar (9) altamente aceitáveis. Os resultados revelaram que a SPOJ3 obteve as pontuações mais elevadas em todos os atributos sensoriais, seguida da SPOJ2 e da SPOJ1 e que a pontuação média global da SPOJ3 foi mais ou menos igual à da amostra de controlo. As pontuações médias globais obtidas para o controlo, SPJ3, SPAJ3 e SPOJ3 são apresentadas na figura 5.

FIGURA 5

Pontuações médias globais obtidas para os sumos de controlo e os sumos simbióticos

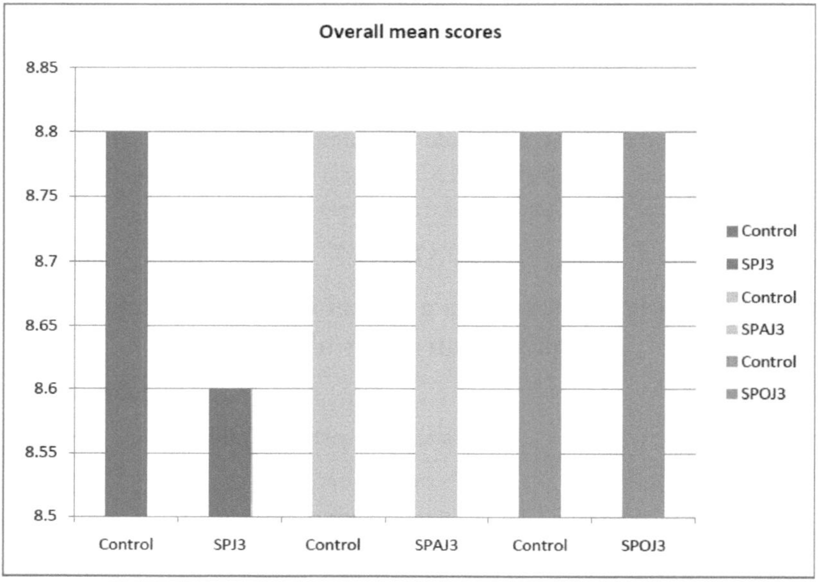

SPJ3- 1,5 g de sementes de sabja adicionadas de sumo de papaia sinbiótico

SPAJ3- 1,5 g de sementes de sabja adicionadas de sumo de ananás sinbiótico

SPOJ3- 1,5 g de sementes de sabja adicionadas de sumo de romã sinbiótico

4.2 Análise nutricional dos sumos de controlo e dos sumos sinbióticos (papaia, ananás e romã)

4.2.1 Análise dos nutrientes do sumo de papaia controlo e sinbiótico.

O conteúdo de nutrientes do controlo e de 1,5% de semente de sabja adicionada ao sumo de papaia sinbiótico é apresentado no Quadro 8.

QUADRO 8

Teor de nutrientes do controlo e do SPJ3

Nutrientes	Controlo	SPJ3
Hidratos de carbono (g)	10	15

Proteína (g)	0.21	0.6
Fibra bruta (g)	0.4	0.6
B - caroteno (µg)	280.34	310.16
Vitamina C (mg)	18	18.25
Ferro (mg)	0.30	0.75
Zinco (mg)	0.05	0.4
Magnésio (mg)	6	9

SPJ3 - 1,5 g de sementes de sabja adicionadas de papaia sinbiótica j

QUADRO 8.1

Teste t-pareado (Teor de nutrientes do sumo de papaia)

Par 1 Controlo= 1,5% SPJ3	Diferenças emparelhadas			T	Df	Sinal (bicaudal)
	Média	Desvio Std. Desvio	Erro padrão média			
	-9.48250	9.13163	3.22852	-2.937	**7**	0.02*

* 1% de nível significativo

O teor de hidratos de carbono, proteínas, fibra bruta, β-caroteno e vitamina C do sumo de papaia de controlo foi de 10g, 0,21g, 0,4g, 280,34pg e 18mg e em 1,5% de semente de sabja adicionada ao sumo de papaia sinbiótico (SPJ3), foi de 15g, 0,6g, 0,6g, 310,16 µg e 18,25mg, respetivamente. O conteúdo de ferro, zinco e magnésio do sumo de papaia de controlo foi de 0,30 mg, 0,05 mg e 6,0 mg e em 1,5% SPJ3 foi de 0,75 mg, 0,4 mg e 9 mg, respetivamente. A análise estatística dos dados na Tabela 8.1 revelou que existia uma diferença significativa entre o controlo e 1,5% de semente de sabja adicionada ao sumo de papaia sinbiótico.

Krishnaprabha *et al.,* 2013 efectuaram um estudo sobre o desenvolvimento, análise de nutrientes e antioxidantes de uma bebida probiótica saudável que incorporava melão almiscarado e água de soro de leite. Os nutrientes presentes na bebida probiótica saudável eram proteína 2g, vitamina C 27mg, ferro 0,2mg e β-caroteno 2800pg. O teor de proteínas, ferro e zinco do controlo e do SPJ3 é apresentado na Figura 6

FIGURA 6

Teor de proteínas, ferro e zinco do controlo e do SPJ3

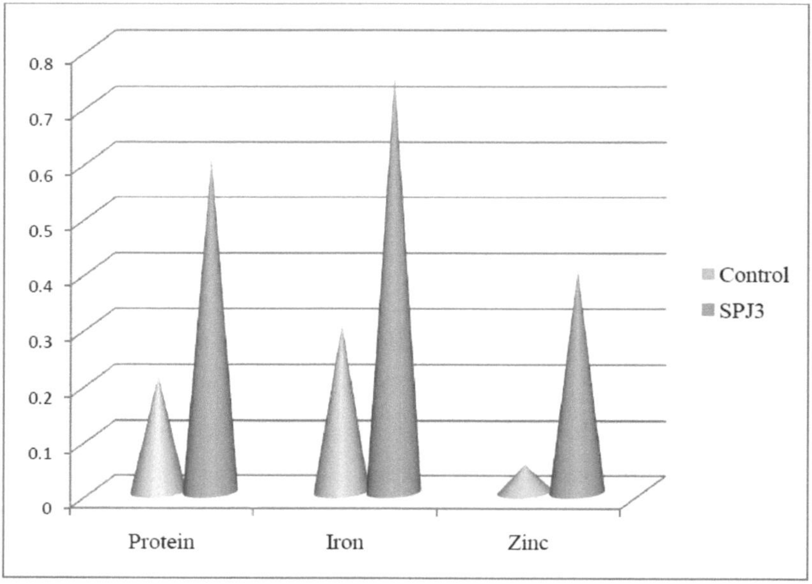

SPJ3- 1,5 g de sementes de sabja adicionadas de sumo de papaia sinbiótico

4.2.2 Análise dos nutrientes do sumo de ananás controlo e sinbiótico.

O conteúdo de nutrientes do controlo e de 1,5% de sementes de sabja adicionadas ao sumo de ananás sinbiótico é apresentado no Quadro 9.

QUADRO 9

Teor de nutrientes do controlo e do SPAJ3

Nutrientes	**Controlo**	**SPAJ3**
Hidratos de carbono (g)	14	15
Proteína (g)	0.25	0.32
Fibra bruta (g)	0.25	0.45
β-caroteno (μg)	9.50	14.50
Vitamina C (mg)	14.25	15.10
Ferro (mg)	1.5	1.65

Zinco (mg)	0.06	0.2
Magnésio (mg)	14	19

SPAJ3 - 1,5 g de sumo de ananás sinbiótico adicionado de sementes de sabja

QUADRO 9.1

Teste t-pareado (Teor de nutrientes do sumo de ananás)

Par 1 Controlo= 1,5% SPAJ3	Diferenças emparelhadas			T	Df	Sinal (2tailed)
	Média	Desvio Std. Desvio	Erro padrão média			
	-2.33625	2.72262	0.96259	-2.427	7	0.04*

* 1% de nível significativo

O teor de hidratos de carbono, proteínas, fibra bruta, β-caroteno e vitamina c do sumo de ananás de controlo foi de 14g, 0,25g, 0,25g, 9,50µg e 14,25mg e em 1,5% de semente de sabja adicionada de sumo de ananás simbiótico (SPAJ3), foi de 15g, 0,32g, 0,45g, 14,50 µg e 15,10mg, respetivamente. O teor de ferro, zinco e magnésio no sumo de ananás de controlo foi de 1,5 mg, 0,06 mg e 14 mg e no SPJ3 a 1,5% foi de 1,65 mg, 0,2 mg e 19 mg, respetivamente. A análise estatística dos dados da Tabela 9.1 revelou que existia uma diferença significativa entre o sumo de ananás sinbiótico adicionado de sementes de sabja a 1,5% e o controlo.

Alwis *et al.,* 2016 efectuaram um estudo sobre o desenvolvimento de uma nova bebida sinbiótica à base de cenoura utilizando *Lactobacillus casei.* Os nutrientes presentes na bebida simbiótica de cenoura eram 0,8 g de proteínas, 12 g de hidratos de carbono e 1,2 g de fibra bruta, respetivamente. O teor de proteínas, ferro e zinco do controlo e do SPAJ3 é apresentado na Figura

FIGURA 7

Teor de proteínas, ferro e zinco do controlo e do SPAJ3

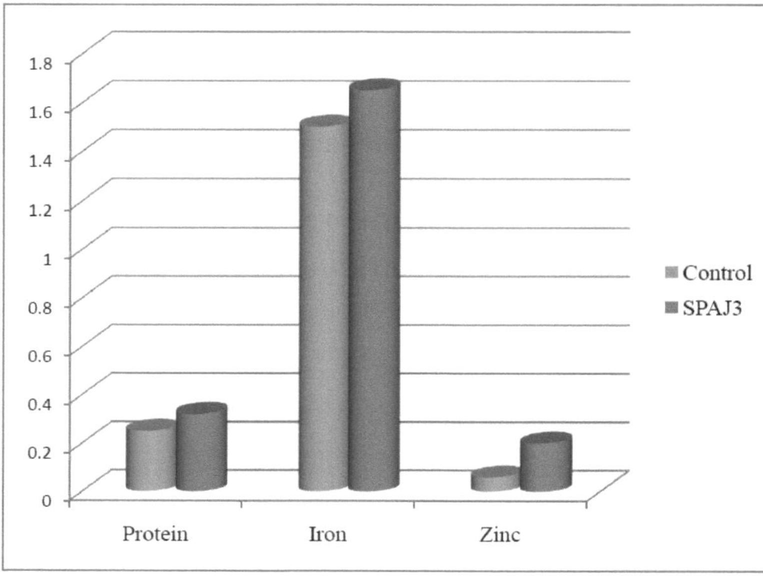

SPAJ3- 1,5 g de sementes de sabja adicionadas de sumo de ananás sinbiótico

4.2.3 Análise dos nutrientes do sumo de romã de controlo e sinbiótico.

O teor de nutrientes do controlo e de 1,5% de sementes de sabja adicionadas ao sumo de romã sinbiótico é apresentado no Quadro 10.

QUADRO 10

Teor de nutrientes do controlo e do SPOJ3

Nutrientes	Controlo	SPOJ3
Hidratos de carbono (g)	14.5	16
Proteína (g)	0.67	0.80
Fibra bruta (g)	2.35	2.72
β-caroteno (μg)	0	5.20
Vitamina C (mg)	7.72	7.78
Ferro (mg)	0.75	1.32
Zinco (mg)	0.32	0.41

Magnésio (mg)	20.25	26.6

SPOJ3 - 1,5 g de sementes de sabja adicionadas de sumo de romã sinbiótico

QUADRO 10.1

Teste t-pareado (Teor de nutrientes do sumo de romã)

Par 1 Controlo= 1,5% SPOJ3	Diferenças emparelhadas			T	Df	Sinal (2tailed)
	Média	Desvio Std. Desvio	Erro padrão média			
	-1.89375	2.23534	0.79031	-2.396	7	0.04 *

* 1% de nível significativo

O teor de hidratos de carbono, proteína, fibra bruta, β-caroteno e vitamina c do sumo de romã de controlo foi de 14,5g, 0,6g, 2,35g, 0 µg e 7,72mg e em 1,5% de semente de sabja adicionada ao sumo de romã sinbiótico (SPOJ3), foi de 16g, 0,8g, 2,75g, 5,20 µg e 7,78mg, respetivamente. O teor de ferro, zinco e magnésio do sumo de romã de controlo foi de 0,75 mg, 0,32 mg e 20,25 mg e no SPJ3 a 1,5% foi de 1,32 mg, 0,41 mg e 26,6 mg, respetivamente. A análise estatística dos dados na Tabela 10.1 revelou que existia uma diferença significativa entre o controlo e o sumo de romã sinbiótico adicionado de sementes de sabja a 1,5%.

Dias *et al.,* 2013 efectuaram um estudo sobre a avaliação físico-química, sensorial e microbiana e o desenvolvimento de uma bebida simbiótica. Os nutrientes presentes na bebida simbiótica eram 1,7 g de proteína, 1,5 g de fibra e 18 g de hidratos de carbono, respetivamente. O teor de proteínas, ferro e zinco do controlo e do SPOJ3 é apresentado na Figura 8.

FIGURA 8

Teor de proteínas, ferro e zinco do controlo e da SPOJ3

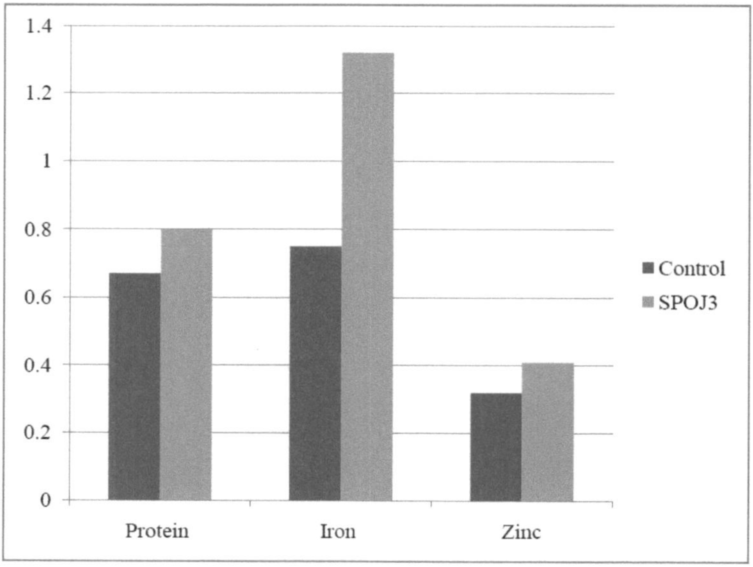

SPOJ3- 1,5 g de sementes de sabja adicionadas de sumo de romã sinbiótico

4.3 Parâmetros físico-químicos dos sumos de controlo e sinbióticos (papaia, ananás e romã)

4.3.1 Parâmetros físico-químicos do sumo de papaia controlo e sinbiótico

Os parâmetros físico-químicos do controlo e do sumo de papaia simbiótico adicionado com 1,5% de sementes de sabja são apresentados no quadro 11.

QUADRO 11

Parâmetros físico-químicos do controlo e do SPJ3

Parâmetros físico-químicos	Controlo	SPJ3
pH	4.6	4.3
Acidez (%)	1.6	1.8
Sólidos solúveis totais (° bx)	12	14
Antioxidantes (mmol)	1.5	2.1
Flavonóides (mg RE)	20.4	24.6

Polifenóis totais (mg GAE)	127	129.2

SPJ3 - 1,5 g de semente de sabja adicionada de sumo de papaia sinbiótico

QUADRO 11.1

Teste t-pareado (parâmetros físico-químicos do sumo de papaia)

Par 1 Controlo= 1,5% SPJ3	Diferenças emparelhadas			T	Df	Sinal (2 caudas)
	Média	Desvio Std. Desvio	Erro padrão média			
	-1.86667	1.50022	0.61246	-3.048	5	0.028*

* 1% de nível significativo

O pH, a acidez, os sólidos solúveis totais (SST), os antioxidantes, os flavonóides e o teor de polifenóis totais do sumo de papaia de controlo foram de 4,6, 1,6%, 12 ° bx, 1,5mmol, 20,4mg RE e 127mg GAE e no sumo de papaia sinbiótico adicionado com 1,5% de semente de sabja (SPJ3), foram de 4,3, 1,8%, 14 ° bx, 2,1mmol, 24,6mg RE e 129,2mg GAE, respetivamente. A análise estatística dos dados no quadro 11.1 revelou que existia uma diferença significativa entre o controlo e o sumo de papaia sinbiótico adicionado com 1,5% de sementes de sabja.

Shah (2016) realizou um estudo sobre o desenvolvimento e a análise de sumos de fruta probióticos e simbióticos. Os parâmetros físico-químicos como pH, acidez, polifenóis totais e teor de flavonóides no sumo de laranja simbiótico foram 4, 0,6%, 40mg GAE e 20,9mg RE. O teor de flavonóides e polifenóis totais do controlo e do SPJ3 é apresentado na Figura 9

FIGURA 9

Teor de flavonóides e polifenóis totais do controlo e da SPJ3

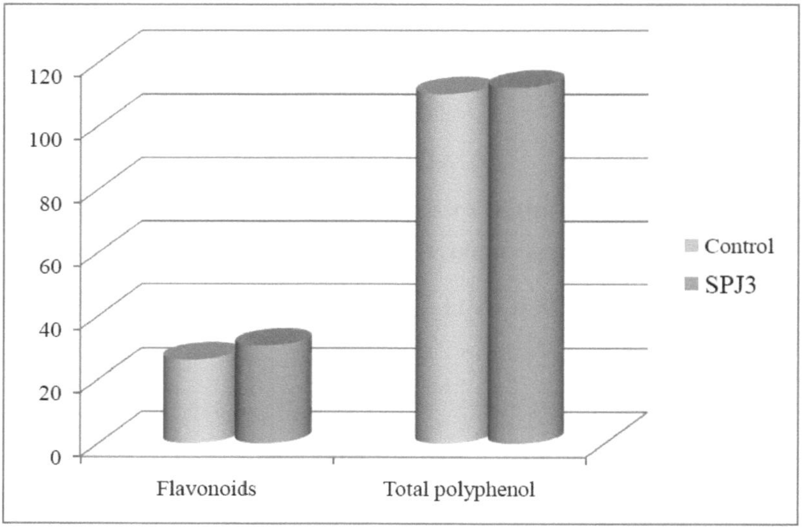

SPJ3- 1,5 g de sementes de sabja adicionadas de sumo de papaia sinbiótico

4.3.2 Parâmetros físico-químicos do sumo de ananás de controlo e sinbiótico

Os parâmetros físico-químicos do controlo e de 1,5% de sementes de sabja adicionadas ao sumo de ananás simbiótico são apresentados no quadro 12.

QUADRO 12

Parâmetros físico-químicos do controlo e do SPAJ3

Parâmetros físico-químicos	Controlo	SPAJ3
pH	3.6	3.2
Acidez (%)	1.6	2.0
Sólidos solúveis totais (° bx)	10	12
Antioxidantes (mmol)	1.6	2.2
Flavonóides (mg RE)	26.2	30.6
Polifenóis totais (mg GAE)	110	112

SPAJ3 - 1,5 g de sumo de ananás sinbiótico adicionado de sementes de sabja

QUADRO 12.1

Teste t-pareado (parâmetros físico-químicos do sumo de ananás)

Par 1 Controlo= 1,5% SPAJ3	Diferenças emparelhadas			T	Df	Sinal (2tailed)
	Média	Desvio Std. Desvio	Erro padrão média			
	-1.75000	1.45017	0.59203	-2.956	**5**	0.032*

* 1% de nível significativo

O pH, a acidez, os sólidos solúveis totais (SST), os antioxidantes, os flavonóides e o teor de polifenóis totais do sumo de ananás de controlo foram 3,6, 1,6%, 10 ° bx, 1,6 mmol, 26,2 mg de RE e 110 mg de GAE e, no sumo de ananás sinbiótico adicionado com 1,5% de sementes de sabja (SPAJ3), foram 3,2, 2,0%, 12 ° bx, 2,2 mmol, 30,6 mg de RE e 112 mg de GAE, respetivamente. A análise estatística dos dados no quadro 12.1 revelou que existia uma diferença significativa entre o controlo e o sumo de ananás sinbiótico adicionado de sementes de sabja a 1,5%.

Mohan, 2013 realizou um estudo sobre a probiótica do sumo de fruta por *Lactobacillus acidophilus*. O pH, a acidez e os sólidos solúveis totais do sumo de fruta incorporado com *Lactobacillus acidophilus* foram de 3,4, 1,5% e 14 ° bx. O teor de flavonóides e polifenóis totais do controlo e do SPAJ3 é apresentado na Figura 10.

FIGURA 10

Teor de flavonóides e polifenóis totais do controlo e do SPAJ3

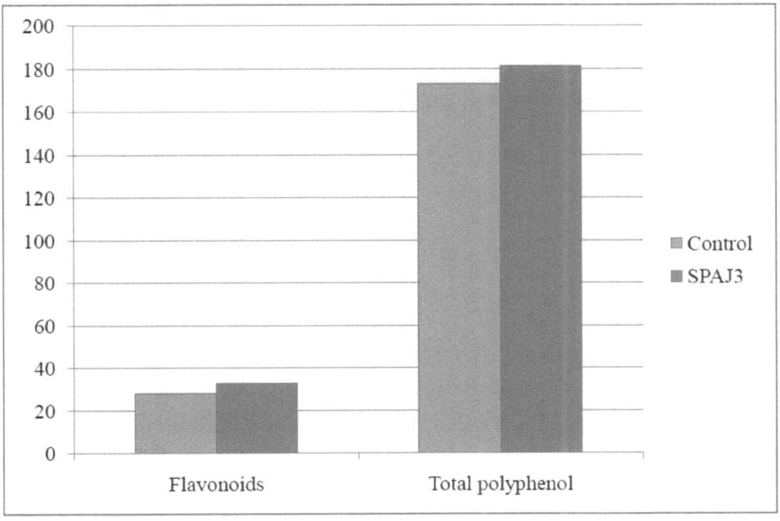

SPAJ3- 1,5 g de sementes de sabja adicionadas de sumo de ananás sinbiótico

4.3.3 Parâmetros físico-químicos do sumo de romã de controlo e sinbiótico

Os parâmetros físico-químicos do controlo e do sumo de romã sinbiótico adicionado com 1,5% de sementes de sabja são apresentados no quadro 13.

QUADRO 13

Parâmetros físico-químicos do controlo e do SPOJ3

Parâmetros físico-químicos	Controlo	SPOJ3
pH	3.2	3.0
Acidez (% de ácido)	2.8	2.9
Sólidos solúveis totais (° bx)	16	17
Antioxidantes (mmol)	2.1	2.7
Flavonóides (mg RE)	28.1	33
Polifenóis totais (mg GAE)	173	181.2

SPOJ3 - 1,5 g de semente de sabja adicionada de sumo de romã sinbiótico

QUADRO 13.1

Teste t-pareado (parâmetros físico-químicos do sumo de romã)

Par 1 Controlo= 1,5% SPOJ3	Diferenças emparelhadas			T	Df	Sinal (bicaudal)
	Média	Desvio Std. Desvio	Erro padrão média			
	-3.01667	2.92603	1.19455	-2.525	**5**	0.05 *

* 1% de nível significativo

O pH, a acidez, os sólidos solúveis totais (SST), os antioxidantes, os flavonóides e o teor de polifenóis totais do sumo de romã de controlo foram de 3,2, 2,8%, 16 ° bx, 2,1mmol, 28,1mg RE e 173mg GAE e no sumo de romã sinbiótico adicionado com 1,5% de semente de sabja (SPOJ3), foram de 3, 2,9%, 17 ° bx, 2,7mmol, 33mg RE e 181,2mg GAE, respetivamente. A análise estatística dos dados no quadro 13.1 revelou que existia uma diferença significativa entre o controlo e o sumo de romã sinbiótico adicionado com 1,5% de sementes de sabja.

Kalita *et al.,* 2015 realizaram um estudo sobre a caraterização do sumo de Litchi fermentado por bactérias probióticas do ácido lático. Os parâmetros físico-químicos do sumo de lichia probiótico foram pH 3,6, acidez 0,3%, flavonóides 24mg e vitamina C 40mg. O teor de flavonóides e polifenóis totais do controlo e do SPOJ3 é apresentado na Figura 11.

FIGURA 11

Teor de flavonóides e polifenóis totais do controlo e da SPOJ3

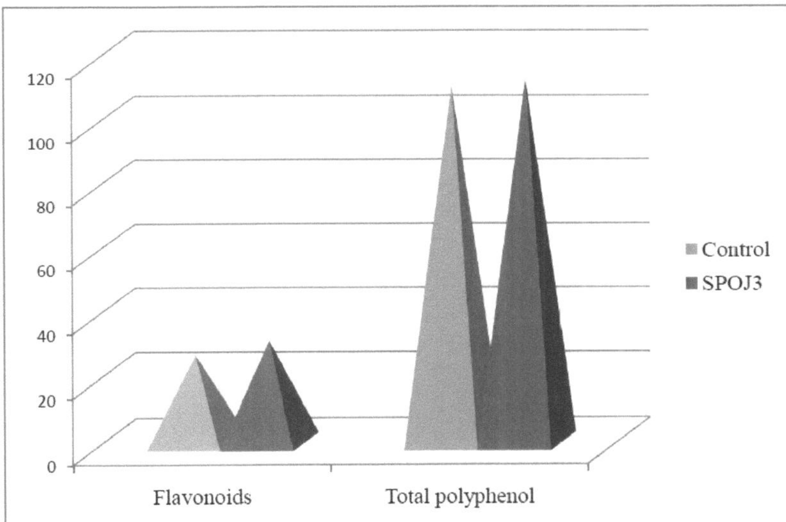

SPOJ3- 1,5 g de sementes de sabja adicionadas de sumo de romã sinbiótico

4.4 Análise microbiana dos sumos de controlo e sinbióticos (papaia, ananás e romã)

A carga microbiana do controlo e de 1,5% de sementes de sabja adicionadas a sumos simbióticos é apresentada no Quadro 14.

QUADRO 14

Carga microbiana de (Bacteria x10^{-5}) ufc/ml do controlo e de 1,5% de sumos simbióticos adicionados de sementes de sabja

Carga microbiana	Sumo de papaia		Sumo de ananás		Sumo de romã	
	C	SPJ3	C	SPAJ3	C	SPOJ3
Bactérias (10^{-5}) cfu/ml	1	3	1	3	1	3

A carga microbiana (bactérias) foi avaliada para analisar a qualidade de conservação e a viabilidade dos sumos de controlo e dos sumos simbióticos. A contagem bacteriana (10^{-5} cfu/ml) do sumo de papaia, do sumo de ananás e do sumo de romã de controlo foi de 1, 1 e 1 e nos sumos de papaia, ananás e romã sinbióticos adicionados de sementes de sabja a 1,5% foi de 3, 3 e 3, respetivamente.

Shah *et al.,* 2016 realizaram um estudo sobre o desenvolvimento e a análise de sumos de fruta probióticos e simbióticos. A contagem de Lactobacillus nos sumos simbióticos não desceu abaixo de 10^6 cfu/ml e manteve a sua propriedade probiótica. A análise da carga microbiana nos sumos simbióticos é apresentada na placa 5.

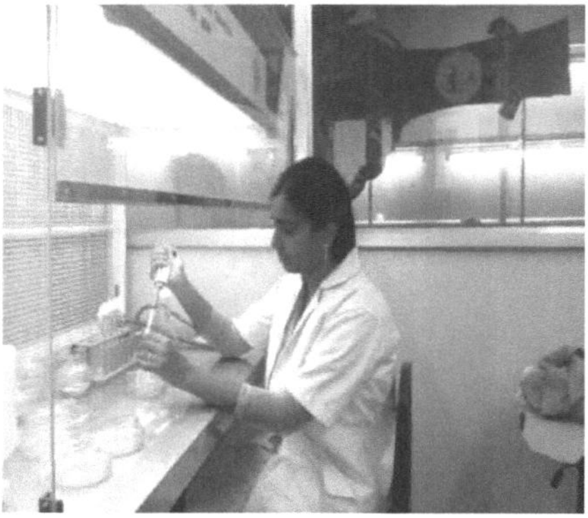

4.4 Análise dos custos dos sumos simbióticos

A análise de custos dos sumos simbióticos (papaia, ananás e romã) é apresentada nos quadros 15, 16 e 17, respetivamente.

QUADRO 15

Análise de custos do sumo de papaia sinbiótico

S.N.	**Dados**	**Montante**
1.	Custo fixo total	Rs. 3,50,000
2.	Custo variável total	Rs. 18.200
3.	Custo total de processamento	Rs. 20.678,36
4.	Custo unitário	Rs. 20/100 ml

QUADRO 16

Análise de custos do sumo de ananás sinbiótico

S.N.	Particularidades	Montante
1.	Custo fixo total	Rs. 3,50,000
2.	Custo variável total	Rs. 18.900
3.	Custo total de processamento	Rs. 21.465,86
4.	Custo unitário	Rs. 21/100 ml

QUADRO 17

Análise de custos do sumo de romã sinbiótico

S.N.	Dados	Montante
1.	Custo fixo total	Rs. 3,50,000
2.	Custo variável total	Rs. 20.300
3.	Custo total de processamento	Rs. 23.040,86
4.	Custo unitário	Rs. 23/100 ml

A análise de custos dos sumos simbióticos, nomeadamente papaia, ananás e romã, é apresentada nos apêndices VI, VII e VIII, respetivamente. As despesas incorridas com o terreno, o edifício e os navios são incluídas juntamente com os custos fixos no cálculo da análise custo-benefício dos produtos. O custo de preparação do produto foi adicionado aos juros e à manutenção dos custos fixos a 12,5% e aos custos variáveis (lucro a 12,5%). Este valor foi apresentado como custo total de produção dos sumos sinbióticos.

O custo fixo final do sumo de papaia sinbiótico foi de 20 rupias/100 ml, o do sumo de ananás sinbiótico foi de 21 rupias/100 ml e o do sumo de romã sinbiótico foi de 23 rupias/100 ml. Verificou-se que os custos dos produtos eram ligeiramente mais elevados quando comparados com os dos produtos disponíveis no mercado.

CAPÍTULO 5

RESUMO E CONCLUSÕES

Um breve resumo dos resultados do estudo efectuado para analisar os sumos simbióticos (papaia, ananás e romã) é abordado neste capítulo. Os dados relativos aos atributos sensoriais, à análise dos nutrientes e à carga microbiana dos sumos simbióticos foram resumidos e concluídos.

A aceitabilidade dos sumos simbióticos de papaia, ananás e romã com sementes de sabja adicionadas a 0,5, 1 e 1,5 por cento foi avaliada em termos de cor, aroma, consistência, sabor e aceitabilidade global. Os sumos sinbióticos adicionados com sementes de sabja foram aceites até ao nível de 1,5 por cento.

O resultado indicou que 1,5 g de sementes de sabja adicionadas ao sumo de papaia simbiótico (SPJ3) é altamente aceitável e as pontuações médias globais do SPJ3 foram mais ou menos iguais às pontuações médias globais da amostra de controlo, seguidas do SPJ2 e do SPJ1 com consistência, aroma e sabor moderadamente aceitáveis.

Os resultados indicaram que 1,5 g de sementes de sabja adicionadas ao sumo de ananás sinbiótico (SPAJ3) é altamente aceitável e as pontuações médias globais do SPAJ3 foram mais ou menos iguais às pontuações médias globais da amostra de controlo, enquanto que o SPAJ1 e o SPAJ2 são menos aceitáveis com sabor, cor e aroma moderados.

Os resultados indicaram que 1,5 g de sementes de sabja adicionadas ao sumo de romã sinbiótico (SPOJ3) é altamente aceitável e as pontuações médias globais do SPOJ3 foram mais ou menos iguais às pontuações médias globais da amostra de controlo, enquanto que o SPOJ1 e o SPOJ2 são menos aceitáveis com sabor, consistência e aroma moderados.

Os atributos sensoriais como a cor, o sabor, a consistência, o paladar e a aceitabilidade global de 1,5 g de sumos sinbióticos adicionados de sementes de sabja foram considerados bons do que 0,5 e 1 g de sumos sinbióticos adicionados de sementes de sabja. As pontuações médias globais dos sumos simbióticos eram mais ou menos iguais às das amostras de controlo.

Nutrientes como hidratos de carbono, proteínas, fibra bruta, β-caroteno, vitamina C, ferro, zinco e magnésio foram mais elevados no SPJ3 do que no sumo de papaia de controlo. Os parâmetros físico-químicos como os sólidos solúveis totais (SST), os antioxidantes, o polifenol total e os flavonóides foram mais elevados no SPJ3 do que no sumo de controlo, enquanto o pH diminuiu ligeiramente e a acidez aumentou em relação ao sumo de papaia de controlo.

Nutrientes como hidratos de carbono, proteínas, fibra bruta, β-caroteno, vitamina C, ferro, zinco e magnésio foram mais elevados no SPAJ3 do que no sumo de ananás de controlo. Os parâmetros físico-químicos como os antioxidantes, o polifenol total, os flavonóides e os sólidos solúveis totais (SST) foram mais elevados no SPAJ3 do que no sumo de controlo, enquanto o pH diminuiu ligeiramente e a acidez aumentou em relação ao sumo de ananás de controlo.

Nutrientes como hidratos de carbono, proteínas, fibra bruta, β-caroteno, vitamina C, ferro, zinco e magnésio foram mais elevados no SPOJ3 do que no sumo de romã de controlo. Os parâmetros físico-químicos como os antioxidantes, o polifenol total, os flavonóides e os sólidos solúveis totais (SST) foram mais elevados no SPOJ3 do que no sumo de controlo, enquanto o pH diminuiu ligeiramente e a acidez aumentou em relação ao sumo de romã de controlo.

A carga microbiana (bactérias) foi anotada para analisar a qualidade de conservação e a viabilidade dos sumos de controlo e dos sumos simbióticos. A contagem bacteriana (10^{-5} cfu/ml) dos sumos de papaia, ananás e romã de controlo foi de 1, 1 e 1 e em 1,5 g de sementes de sabja adicionadas aos sumos simbióticos foi de 3, 3 e 3, respetivamente.

A análise de custo-benefício foi feita para os sumos simbióticos de papaia, ananás e romã, que resultou em Rs.20/-, Rs.21/- e Rs.23/- respetivamente. Verificou-se que os custos do produto eram ligeiramente mais elevados quando comparados com os dos produtos disponíveis no mercado. Devido à presença de microrganismos vivos benéficos e aos fantásticos benefícios para a saúde das sementes prebióticas de sabja, a sua compra é acessível a este preço.

RECOMENDAÇÕES

- No presente estudo, foram analisados os principais nutrientes e parâmetros físico-químicos. No futuro, os outros nutrientes também podem ser analisados para os produtos desenvolvidos.
- O prazo de validade dos produtos desenvolvidos também pode ser avaliado.
- Os estudos de armazenamento podem ser efectuados utilizando diferentes materiais de embalagem.
- Os estudos de suplementação podem ser efectuados através da utilização de sumos sinbióticos.

BIBLIOGRAFIA

Adami, A. e Cavazzoni, V.(1999). Ocorrência de grupos bacterianos seleccionados nas fezes de leitões alimentados com Bacillus coagulans como probiótico. Journal of Basic Microbiology. *59*,pp:3-9.

Agrawal ,S. S., Talele ,G. S & Surana, S. J.(2009). Atividade antioxidante de fracções de *Tridax procumbens.* Journal of Pharmacology.2,pp:71-73.

Ahmed,R., Ghafoor,M., Khan,N.2014. Papel do synbiotic na gestão e prevenção da diarreia aquosa aguda, World Applied Science Journal, 32(2),pp:226-230.

Alwis,A.P.D., Prera,O.D.A., e Weerahewa,H.L.D. (2016). Desenvolvimento de uma nova bebida simbiótica à base de cenoura usando *Lactobacillus casei* 431®, The Journal of Agricultural Sciences, 11 (3), pp: 178-185.

Anjaneyalu, Y., Khan, M. R., e Tharanathan, R. N., (1983). Uma xilana ácida do complexo polissacárido capsular de sementes de *Ocimum gratissimum*. Carbohydrate Research, *116* PP: 83-88.

Azoma, J., e Sakamoto, M., (2003). Sistema hidrocolóide celulósico presente em sementes de plantas. Trends in Glycoscience and Glycotechnology, *15* pp: 1-14.

Begum, N.S., 2016. Vencer o calor com Sabja. Heritage Amruth- A magazine for Healthy Living, The Natural Way, *12* (1), PP: 54-56.

Bishri,W., e Danial,E.N., (2013). Estudo comparativo sobre as actividades antioxidantes, antimicrobianas e o conteúdo fenólico total de sementes seleccionadas da Arábia Saudita. Journal of Food, Agriculture & Environment *11* (2) pp: 2 0 2 - 2 0 7.

Brouns,F., and Vermeer,C.(2000).Functional Food Ingredients for Reducing the Risks of Osteoporosis,Trends in Food Science and Technology. *11*(1),pp: 22-33.

Cargill, 2009. Os conceitos de bebidas da Cargill vão responder às exigências dos consumidores em termos de saúde, sabor e textura. PP:327

Coronado, B.E., Opal, S.M., Yoburn, D.C.1995. Antibiotic-indduced D-lactic acidosis, Ann Intern Med, 122,pp:839-842.

Kothari e Nisha, N. (2016) Análise fitoquímica e determinação do conteúdo fenólico e flavonoide total do extrato metanólico de sementes de Ocimum basilicum L, International Journal of PharmTech Research, 9(4), pp: 215-219.

Chen ,H.N. (2006). O konjac actua como um laxante natural, aumentando o volume das fezes e melhorando a ecologia do cólon em adultos saudáveis. Nutrição *22* pp:1112-1119.

Claus, D. e Berkeley, R.C.W. (1998). Bergey's Manual of Systematic Bacteriology (Baltimore: Williams and Wilkins), pp: 1105-1139.

Collins, M.D., e Gibson, G.R., 1999. Probióticos, prebióticos e simbióticos: abordagens dietéticas para a modulação da ecologia microbiana. American Journal of Clinical Nutrition, PP: 1052- 1057.

Coundray, C. Demigne e Rayssiguier,Y.(2003). "Effects of Dietary Fiber on Magnesium Absorption in Animals and Humans," The Journal of Nutrition, *133* (1)pp: 1-4.

Dias, M., Salgado, S.M.,Guerra, B.N. (2013). Avaliação físico-química, sensorial, microbiológica e desenvolvimento de bebida fermentada simbiótica, Journal of Food science and technology, 33 (4) pp: 22-26.

Elmer,T. (1996). Analytical methods for Atomic Absorption Spectroscopy, 12(16), pp:218-220.

Farland,L.V.(2006). "Meta-análise de probióticos para a prevenção de diarreia associada a antibióticos e o tratamento de Clostridium e o tratamento da doença difficile," *American Journal of Gastroenterology,* 101(4).PP:812-822.

Fuller, R., 1989. Probióticos no homem e nos animais. Jornal de Bacteriologia Aplicada, PP: 365-378.

Fuller,M.T.1991.Genetic analysis of spindle function, Journal of Cellular Biology. 115(3),pp:347.

Furrie, E., Macfarlane, S., Kennedy, A., Cumming, J.H. (2005). A terapia com simbióticos (Bifidobacterium longum/Synergy 1) inicia a resolução da inflamação em pacientes com colite ulcerosa ativa: um ensaio piloto controlado e aleatório. *54(2)* pp:242-249.

Geir, M., Butler, R., Howarth, G. (2007). Doença inflamatória intestinal: Perspectivas actuais sobre a patogénese e novas opções terapêuticas; probióticos, prebióticos e simbióticos. Jornal Internacional de Microbiologia Alimentar. *115* (1) pp: 1-11.

Gibson, G.R., 2004. Fibre and effects on probiotics (the prebiotic concept). Clinical Nutrition, PP: 25-31.

González, F., Quijano, G., Ramírez. Guerrero,A.,2011. Probióticos e prebióticos-perspectivas e desafios. Journal of Food and agricultural science.PP: 135

Govindaraja, P. e Manickam, A.(1996). Biochemical methods, 2nd edition, New age International publishers, New Delhi, pp: 11-37.

Grill, H. (2010). Leptina e a neurociência dos sistemas de controlo do tamanho das refeições. Front Neuroendocrinol 31,pp:61-78.

Haskey, N., e Dahl, W.J. (2006). Synbiotic therapy: a promising new adjunctive therapy for ulcerative colitis. *64(3)* pp:132-138.

Hirayama, K. e Rafter, J., (1999). O papel das bactérias do ácido lático na prevenção do cancro do cólon: considerações mecanicistas. *76*(1), pp: 391-394.

Holzapfel, W.H, Schillinger, U. 2002. Introdução aos prebióticos e probióticos. Jornal Internacional de Investigação Alimentar Internacional, (35) pp:109-116.

Hong, H.A., Duc, L.H. & Simon, M. 2005. Cortando o uso de formadores de esporos bacterianos como probióticos. FEMS Microbiology Reviews, 29, PP: 813-835.

Hosseini, S.H., 2007. Propriedades físicas das sementes de manjericão iraniano (Ocimum basilicum L.). CaraGum Parsian Co, Relatório anual, Teerão.

Huebner,J., Wehling,R.J., e Hutkins,R.L.(2007). "Functional Activity of Commercial Prebiotics," International Dairy Journal,17(7), pp: 770-775.

Istawankiss, (1984). Testing methods in Food Microbiology, Elsevier Publishers Ltd, pp:395-397.

Jager, R. , Kevin ,A., Ryan ,P., Lowery. , Eduardo, O. (2016). O probiótico Bacillus coagulans GBI-30. 6086 reduz o dano muscular induzido pelo exercício e aumenta a recuperação. pp: 293.

Jama, 1989. Dietary fiber and health (Fibra alimentar e saúde). Conselho de Assuntos Científicos, Associação Médica Americana. 262,pp:542-546.

Jurenka, J.S. 2012. Bacillus coagulans: monografia. Revista de Medicina Alternativa, (7),76-81.

Kalita, D., Mandal, M., Mahanta,C. 2015. Charterização do sumo de Litchi fermentado por bactérias probióticas do ácido lático,16(2),pp:32.

Kalman,D.S., Schwartz ,H.I., Alvarez, P., Feldman, S., Pezzullo, J.C., Krieger, D.R.(2009). Um ensaio prospetivo, aleatório, duplamente cego, controlado por placebo, de grupo paralelo e de local duplo, para avaliar os efeitos de um produto à base de Bacillus coagulans nos sintomas funcionais de gases intestinais.Journal of Gastroenterology.^ pp:85-92.

Katsutoshi, A.R. (2003). Efeito da administração de bactérias formadoras de ácido lático portadoras de esporos (Bacillus coagulans SANK 70258) no ambiente intestinal, frequência de defecação, características fecais e características dérmicas em humanos e ratos. Microbiologia. *14,pp:* 4-13.

Kaur,N., and Gupta,A.K.(2002).Applications of Inulin and Oligofructose in Health and Nutrition, Journal of Bioscience, *27* (7)pp: 703-714.

Khodadad,A., e Sabbaghian,M.(2010). O papel dos simbióticos no tratamento da obstipação infantil: A Double-Blind Randomized Placebo Controlled Trial, Iranian Journal of Pediatrics. *20(4)* pp: 387-392.

Khosa, M. A., Chatha, S. A. S., Hussain, A. I., Zea, K. M., Riaz, H. e Aslam, K.(2011). Determinação do pH e da acidez total em sumos de fruta. *J Chem Soc ,Pak.,* 33(2),pp: 188-192.

Kimmel, M., Keller ,D., Farmer, S., Warrino, D.E. 2010. Um ensaio clínico controlado para avaliar o efeito do GanedenBC30 nos marcadores imunológicos. Methods & Findings in Experimental & Clinical Pharmacology *32(2)* PP: 129-132.

Kothari e Nisha, N. (2016) Análise fitoquímica e determinação do conteúdo fenólico e flavonoide total do extrato metanólico de sementes de Ocimum basilicum L, International Journal of PharmTech Research, 9(4), pp: 215-219.

Krihnaprabha,V.2013. Desenvolvimento, análise de nutrientes e antioxidantes de bebidas probióticas baseadas na saúde que incorporam melão muk e água de soro de leite, International Journal of Science and Research, 4(5),pp:2584.

KrumbecK, J.A ., Maldonado Gomez ., Ramer ,A.E., Hutchins, R.W.,2016. Prebióticos e simbióticos: estratégias dietéticas para melhorar a saúde intestinal. PP: 110-119.

Lilly,D.M., Stillwell, R.H.1965.Probióticos: Factores de promoção do crescimento produzidos por microrganismos,12;147(3659),pp:747-748.

Lollo, P.C.B., de Moura, C.S., Morato, P.N. 2013. Probiotic Clostridium of Probiotic Micro-Organisms in Dairy Products. Journal of *Probiotic Dairy Products,* Blackwell Publishing, Oxford, UK.PP:44-51.

Luckow, T., Sheehan, V., Fitzgerald, G., Delahunty, C., 2006. Exposição, informação sobre saúde e estratégias de mascaramento do sabor para melhorar a qualidade sensorial do sumo probiótico.PP: 315-323.

Luis,D.A., Fuente, B.D., Izaola,O.,Conde,R. S.(2010). "Ensaio Clínico Randomizado com uma Bolacha Enriquecida com Inulina sobre o Fator de Risco Cardiovascular em Pacientes Obesos," Nutricion Hospitalaria, 25(1),pp: 53-59.

Majeed, M., e Prakash, L., (1998). LactoSpore: The Effective Probiotics. Piscataway, NJ: NutriScience Publishers.

Majeed, M., Kalyanam, N., Sankaran, N., Vaidyanathan, P., Karri, S. & Arumugam, S. (2014). Processo para o manejo terapêutico da síndrome do intestino irritável predominante na diarreia usando Bacillus coagulans.

Majeed, M. e Prakash, L., 2008. LactoSpore® - Bacilo do ácido lático - Lactobacillus Sporogenes. Piscataway: Nutriscience publishers.

Majeed,M., Majeed, S., Nagabhushanam,K., Natarajan, S., Sivakumar, A., Ali, F.2016. Avaliação da estabilidade de Bacillus coagulans MTCC 5856 durante o processamento e armazenamento de alimentos funcionais, International Journal of Food science and Technology, publicado por John Wiley and Sons, IFSTTF.pp:1-6.

Manigandan,T., Mangaiyarkarasi, S.p., Hemalatha,R.(2012). Probióticos, Prebióticos e Sinibióticos - Uma Revisão. Jornal de Farmacologia Biomédica.5 (2) pp:27

Maria,V., Santos,E., Sgarber,V. 2011. Importância do prebiótico nos alimentos funcionais e na prática clínica, Journal of Food and Nutrition science, 2 (2),pp: 53-58.

Martinez, J.J., P. Melgarejo, F. Hernandez, D.M. Salazzar e R. Marinez, (2006). Caracterização das sementes de cinco novas variedades de romã *(Punica granatum* L.). Scientia Horticulturae, 110, pp: 241-246.

Mohan, G., Guhankumar, P., Kiruththica, V., Santhiya,N., e Anita, S. (2013). Probioticação de sucos de frutas por *Lactobacillus acidophilus,* Revista Internacional de Biotecnologia Avançada e Pesquisa, 4 (1) pp: 72-77.

Muangman ,V., Siripraiwan ,S., Ratanaolarn ,K., Rojanaphanthu ,P., Chaipanich,C. A. (1985). Ensaio clínico de Ocimum canum, sementes de Sims como laxante de bulbo em pacientes idosos pós-operatórios. Jornal de medicina. *8,* pp:1547.

Mussatto, S.I.,e Mancilha,I.M.(2007). Oligossacarídeos não digeríveis: Uma Revisão, Carbohydrate Polimers. *68,(* 3),pp: 587-597.

Olejnik, A., e Sip, A., 2005.Functional foods and health benefits, Universidade Agrícola de Poznan, Polónia*; 52* (3), PP: 665-671.

Ouwehand, Pimia, R., Aura, A.M., Caldentey, K.M., Myllaerinen ,P., Saarela, M., Maila, T., Poutanen, K. 1999. Desenvolvimento de ingredientes funcionais para a saúde intestinal. Tendências em Ciência e Tecnologia Alimentar *13* PP: 3-11.

Patel, M.A. 2006. Isolamento e caraterização de bactérias termófilas e tolerantes ao ácido para a fermentação eficaz de açúcares derivados da biomassa em ácido lático. Applied Environmental Microbiology. *72*,PP:3228-3235.

Pearson, D., Melon,H.K., e Ronald,S. (1976). Chemical analysis of food, 8th edition. Churchill Livingstone.pp: 5-63.

Perricone, M.; Corbo, M.R.; Sinigaglia, M.; Speranza, B.; Bevilacqua, A.2014. Viabilidade de *Lactobacillus reuteri* em sucos de frutas.Joural de alimentos funcionais, *10,* PP: 421426.

Prieto, P., Pineda, M., Aguilar, M.(1999). Quantificação espectrofotométrica da capacidade antioxidante através da formação de um complexo de fosfomolibdénio: aplicação específica à determinação da vitamina E1. Anal. Biochem. 269,pp: 337-341.

Quera, E., Quigley .A., Madrid,M.S.2005. Prebióticos, Probióticos e Simbióticos em Gastroenterologia, Gastroenterologia Latinoamericana, *16* (3), pp: 218-228.

Raman, M., Ambalam, p., Kothari, C., Dave, J.M. (2013). Potencial de probióticos, prebióticos e simbióticos para o tratamento do cancro colorrectal. 4 (3) pp: 181- 192.

Ranganna, S.(1995).Hand book of analysis and quality control for fruits and vegetable products. Nova Iorque: Tata Mc Graw Hill, pp:1-10, 110-113.

Riar, C.S., 2015. Alimentos funcionais e Nutracêuticos: Desenvolvimento e suas técnicas. Publicado por New India Publishing Agency.

Roberfroid,M.B. 2007). "Prebiotics: The Concept Revisited," The Journal of Nutrition, *137(* 3) pp: 8305-8375.

Rogha,M., Esfahani,M.Z., Zargarzadeh,A.H.(2014). A eficácia de um sinbiótico contendo Bacillus Coagulans no tratamento da síndrome do intestino irritável: um estudo randomizado controlado por placebo. *7*(3) pp:156-63.

Rowland, I.R., Rumney, C.J., Coutts ,J.T., Lievense, L.C.(1997). Effect of *Bifidobacterium longum* and inulin on gut bacterial metabolism, *19* ,pp:281.

Sadasivam e Manickam, A., (1996). Biochemical methods. 2nd Edition, Newage International Publishers, New Delhi, pp: 11-37.

Sanders, M.E. (2003). Probiotics: considerations for human health, Nutritional reviews, pp:61.

Saneian,H., Pourmoghaddas,Z., Roohafza,H., e Gholamrezaei,A.(2015). **Synbiotic contendo *Bacillus coagulans* e fruto-oligossacarídeos para dor abdominal funcional em crianças. Jornal de Gastroenterologia e Hepatologia.** *8*(1) pp: 56-65.

Schrezenmeir,J. e DeVrese ,M.(2001). Probióticos, prebióticos e simbióticos - Aproximação a uma definição. American Journal of Clinical Nutrition. *73*(2) pp:361-364.

Sgarbieri,V.C., and Pacheco,M.T.B.(1999).,Alimentos Funcionais Fisiologicos, Brazilian Journal of Food Technology, 2(1-2) pp: 7-19.

Shah, H.R.2016. Desenvolvimento e análise de sumo de fruta probiótico e simbiótico, Indian Journal of Technical Education, pp: 106.

Shida, K., Nomoto, K.(2013). Probióticos como imunopotenciadores eficientes: papel translacional na prevenção do cancro. Jornal Indiano de Investigação Médica. *14* pp:138:142.

Shukla, M., Kumar,Y., e Shemelis,A.(2013). Desenvolvimento de bebida probiótica a partir de soro de leite e suco de abacaxi, Journal of Food Processing and technology,

4, pp:2.

Silva,L.P., e Nornberg,J.L.(2003). Prebioticos na Nutricao de nao Ruminantes, Ciencia Rural, 33(5),pp:983-990.

Singh, R.2003. Effect of level of feeding on the performance of cows during pre and post partum periods, J.Anim.Sci.16,pp:1749-1754.

Sivalingam,N.2005.Sensory evaluation standards for food, 7(13),pp:2606-2609.

Sousa,V.M., Santos,E.F., Sgarbieri,V.C.2011. A importância dos prebióticos nos alimentos funcionais e na prática clínica. Ciências da Alimentação e Nutrição. *2*(2), PP:4.

Suchiya, T., Barreto,R., Okura, R.(2004). Estudo de acompanhamento simples-cego sobre a eficácia de uma prepraração simbiótica na síndrome do intestino irritável. 5(4) pp:169-174.

Tamime, A.Y.,Saarela,M., Korslund Sondergaard,A.,Mistry,V.V., Shah,M.P.(2005). Production and Maintenance of Viability of Probiotic MicroOrganisms in Dairy Products (Produção e Manutenção da Viabilidade de Microorganismos Probióticos em Produtos Lácteos). Journal of Probiotic Dairy Products, Blackwell Publishing, Oxford, UK (2005) pp: 44-51.

Thimmaiah, S. K.(1999). *Standard Methods of Biochemical Analysis,* Kalyani Publishers, Noida.

Urgell,M.R Orleans,A.S., e Seuma,M.R.(2005). "La Importancia de los Ingredientes Funcionales en las Leches y Cereales Infantiles," Nutricion Hospitalaria, *20(*2).pp:35-146.

Vaclav,V. e Jana ,V. (2013) Efeitos fisiológicos de uma combinação de inulina com probióticos. Jornal Americano de Imunologia. 9,pp:103--109.

Vieira, R. F. e Simon, J. E. (2000). Caracterização química do manjericão (Ocimum spp.) encontrado nos mercados e utilizado na medicina tradicional no Brasil. Botânica económica, *54,* pp: 207-216.

Vyas,U., e Ranganathan, N. 2012. Probióticos, prebióticos e simbióticos: Gut and Beyond.

Williamson,C. 2009. Alimentos funcionais: What are the benefits?, Journal of community Nutrition, *14*(6), PP:230-236.

APÊNDICE 1

Cartão de pontuação para controlo e sumo de papaia sinbiótico

S.NO	Atributos sensoriais	C	PJ1	SPJ2	SPJ3
		9 - 1	9 - 1	9 - 1	9 - 1
1.	Cor				
2.	Sabor				
3.	Consistência				
4.	Gosto				
5.	Aceitabilidade global				

Nota:

9 -Gostar extremamente

8 -Gosto muito

7 -Gosto moderadamente

6 -Como um pouco

5 - Nem gosto nem não gosto

4 -Desgostar ligeiramente

3 -Desgosto moderado

2 -Desgosto muito

1 -Desgosto extremo

COMENTÁRIOS:

ASSINATURA

APÊNDICE 2

Cartão de pontuação para controlo e sumo de ananás sinbiótico

S.NO	Atributos sensoriais	C	SPAJ1	SPAJ2	SPAJ3
		9 - 1	9 - 1	9 - 1	9 - 1
1.	Cor				
2.	Aroma				
3.	Consistência				
4.	Gosto				
5.	Aceitabilidade global				

Nota:

9 -Gostar extremamente

8 -Gosto muito

7 -Gosto moderadamente

6 -Como um pouco

5 - Nem gosto nem não gosto

4 -Desgostar ligeiramente

3 -Desgosto moderado

2 -Desgosto muito

1 -Desgosto extremo

COMENTÁRIOS:

ASSINATURA

APÊNDICE 3

Cartão de pontuação para controlo e sumo de romã sinbiótico

S.NO	Atributos sensoriais	C	SPOJ1	SPOJ2	SPOJ3
		9 - 1	9 - 1	9 - 1	9 - 1
1.	Cor				
2.	Aroma				
3.	Consistência				
4.	Gosto				
5.	Aceitabilidade global				

Nota:

9 -Gostar extremamente

8 -Gosto muito

7 -Gosto moderadamente

6 -Como um pouco

5 - Nem gosto nem não gosto

4 -Desgostar ligeiramente

3 -Desgosto moderado

2 -Desgosto muito

1 -Desgosto extremo

COMENTÁRIOS:

ASSINATURA

APÊNDICE 4

Procedimentos para a análise química

Determinação de hidratos de carbono

Os hidratos de carbono são primeiro hidrolisados em açúcares simples utilizando HCl diluído. Em meio ácido quente, a glucose é desidratada em hidroximetil furfural. Este composto forma com a antrona um produto de cor verde com um máximo de absorção a 630 nm.

Os hidratos de carbono são estimados pelo método de Anthrone. Para a análise, pesar 100 mg da amostra num tubo de ebulição. Hidrolisar mantendo-a num banho de água a ferver durante 3 horas com 5 ml de HCl 2,5 N e arrefecer à temperatura ambiente. Neutralizar com carbonato de sódio sólido até ao fim da efervescência. Completar o volume para 100 ml e centrifugar. Recolher o sobrenadante e tomar alíquotas de 0,5 e 1 ml para análise. Preparar os padrões tomando 0, 0,2, 0,4, 0,6, 0,8 e 1ml de padrão de trabalho. 0 é o branco. Completar o volume para 1 ml em todos os tubos, incluindo os tubos de amostra, adicionando água destilada. Em seguida, adicionar 4 ml de reagente de antrona. Aquecer durante 8 minutos num banho de água a ferver. Arrefecer rapidamente e ler a cor verde a verde escuro a 630nm. Desenhar um gráfico de padrões, traçando as concentrações do padrão no eixo dos x versus a absorção no eixo dos y. A partir do gráfico, calcular a quantidade de hidratos de carbono presente no tubo de amostra.

(Pearson et al., 1976)

Estimativa de proteínas

O teor de proteínas do produto foi analisado pelo método Micro-Kjeldhal. Neste método, um grama da amostra foi transferido para um balão de digestão de gargalo longo, adicionado com ácido sulfúrico e ácido perclórico conc. numa proporção de 5:2. A mistura foi então digerida num banho de areia aquecida e continuou até a solução se tornar incolor. A digestão foi então arrefecida, diluída com água destilada e completada até 100 ml. Transferiu-se uma alíquota de 10 ml para o balão de destilação. Adicionaram-se 10 ml de hidróxido de sódio saturado à solução de ensaio no aparelho. A solução foi recolhida em ácido bórico colocado num copo na ponta do condensador. A solução foi titulada contra 0,01 N $H_2 SO_4$ e o teor de azoto foi multiplicado pelo fator 6,25.

(Govindaraju e Manickam, 1996).

Determinação da fibra bruta

Colocaram-se cerca de 5 g da amostra num copo e adicionaram-se 200 ml de 1,25% H_2

SO_4 e ferveu-se durante 40 minutos. O conteúdo foi filtrado através de um pano de musselina e lavado com água destilada até a lavagem deixar de ser ácida. O resíduo foi transferido para o mesmo copo e fervido com NaOH a 1,25% durante 30 minutos e filtrado através de um pano de musselina, lavado com 50 ml de água destilada e 25 ml de álcool. O resíduo foi transferido para um cadinho de sílica previamente tarado, seco durante 24 horas a 130 ° C, arrefecido e tarado. Incendiou-se e incinerou-se durante 30 minutos a 600 ° C, arrefeceu-se e pesou-se. A perda de peso aquando da ignição foi expressa em percentagem.

(Sadasivam e Manickam, 1996).

Estimativa do teor de ácido ascórbico

O teor de ácido ascórbico nos sumos de fruta foi estimado pelo método volumétrico. Foram introduzidos 5 ml de ácido ascórbico padrão (100 µg/ml) num erlenmeyer contendo 10 ml de ácido oxálico a 4% e titulados contra o corante 2,6-diclorofenol indofenóis. O aparecimento e a persistência da cor rosa foram considerados como ponto final. A quantidade de corante consumida (V1 ml) é equivalente à quantidade de ácido ascórbico. Num erlenmeyer com 10 ml de ácido oxálico a 4%, introduziram-se 5 ml de amostra (preparada com 5 g de sumo em 100 ml de ácido oxálico a 4%) e titulou-se contra o corante (V2 m). A quantidade de ácido ascórbico foi calculada utilizando a fórmula: ácido ascórbico (mg/100 g) = (0,5 mg/V1ml) x (V2/15 ml) x (100 ml/Peso da amostra) x 100.

(Sadasivam e Manickam, 1996).

Estimativa do β-caroteno

O β-caroteno da amostra é estimado pelo método colorimétrico. Neste método, pesar 5 g de polpa e extrair a amostra repetidamente com 10 ml de acetona, utilizando um pilão e um almofariz, até o resíduo ficar incolor. Transferir este extrato para uma ampola de decantação com cerca de 20 ml de éter de petróleo, misturar suavemente e adicionar cerca de 20 ml de solução de sulfato de sódio a 5% e agitar suavemente. Retirar a camada superior de éter de petróleo e reextrair a fase aquosa inferior com mais 20 ml de éter de petróleo. Reunir o extrato, adicionar 10 g de sulfato de sódio e deixar repousar durante 30 minutos. Decantar o extrato de éter de petróleo para um balão volumétrico de 100 ml, completar o volume com éter de petróleo e medir a absorvância num espetrofotómetro a 453 nm, utilizando éter de petróleo como branco.

(Govindaraju e Manickam,1996).

Determinação do ferro

Digestão húmida:

7 Adicionaram-se ml de ácido nítrico conc. (HNO_3) a 5 ml das amostras de sumo de

fruta num copo e a solução foi aquecida numa placa de aquecimento numa hotte durante 1 hora. Deixou-se arrefecer e filtrou-se a solução para um balão volumétrico de 50 ml, que foi completado com água destilada até à marca de 50 ml e armazenado num recipiente de polietileno antes da análise.

Estimativa do ferro:

Tomaram-se 5 ml de amostra digerida, em duplicado, aos quais se adicionaram 1 ml de persulfato de potássio saturado, 0,5 ml de ácido sulfúrico conc. e 2 ml de tiocianato de potássio 3N, completando o volume até 15 ml com água destilada. A intensidade da cor foi lida a 480nm. Colocou-se um ml de solução-padrão de sulfato ferroso de amónio num tubo de ensaio e preparou-se um ensaio em branco, ao qual se adicionou persulfato de potássio saturado, ácido sulfúrico conc. e tiocianato de potássio, completando o volume até 15 ml, e a leitura foi considerada como a da amostra.

(Ranganna, 1995).

Determinação de Zinco e Magnésio

Este método descreve a determinação de zinco e magnésio em sumos de fruta e pode ser aplicável a outros elementos. A amostra de sumo pode ser hidrolisada por um ácido forte, filtrada e depois analisada. A 20 ml de sumo num balão volumétrico de 100 ml, adicionar 10 ml de HCL e completar o volume com H_2O. Agitar bem, transferir para um tubo de centrifugação e centrifugar ou filtrar para remover as partículas sólidas e analisar o zinco e o magnésio utilizando um espetrofotómetro de absorção atómica.

(Elmer, 1996).

Parâmetros físico-químicos

pH e SST

O pH e o teor de sólidos solúveis do sumo foram medidos imediatamente após a extração do sumo, utilizando um medidor de pH e um refratómetro digital, respetivamente. O teor de sólidos solúveis foi expresso em °Brix.

(Martinez *et al.*, 2006).

Determinação da acidez total

A acidez total dos sumos foi determinada pelo método de titulação. Os sumos de fruta a 10% foram preparados tomando 10 ml de sumo e completando até 100 ml com água destilada num balão volumétrico. Titulou-se 10 ml de cada sumo com NaOH 0,1N (padronizado com ácido oxálico) utilizando o indicador fenolftaleína. O ponto final foi registado (a cor mudou de incolor para rosa pálido). A acidez total foi calculada em termos de ácido cítrico utilizando a fórmula: Acidez (g/100 ml) = Normalidade do sumo x Peso equivalente de ácido cítrico.

(Khosha *et al.,* 2011).

Estimativa do teor de fenólicos totais

O teor fenólico dos sumos de fruta foi estimado pelo método de Folin-Ciocalteu9. 0,5 ml de cada sumo de fruta foi misturado com 2,5 ml de água destilada. Adicionou-se 0,5 ml de reagente F-C (1:1) e incubou-se durante 3 minutos. A cada tubo, foram adicionados 2 ml de carbonato de sódio a 20% e os tubos foram mantidos num banho de água a ferver durante 1 minuto. Os tubos foram arrefecidos e a absorvância da mistura de reação foi lida a 650 nm. Foi traçada uma curva padrão utilizando diferentes concentrações de ácido gálico (padrão, 0 -1000 µg/ml). O conteúdo fenólico total foi estimado em µg de equivalentes de ácido gálico (GAE)/ml de sumo de fruta.

(Thimmaiah,1999).

Estimativa do teor de flavonóides

O flavonoide total nos extractos brutos foi medido utilizando o método colorimétrico de cloreto de alumínio. A curva padrão foi preparada utilizando a rutina como padrão. A solução de reserva de rutina (100µg/ml) foi preparada em metanol. A partir desta solução, foram retirados 0,1, 0,2, 0,3, 0,4, 0,5 e 0,6 ml e diluídos até 10 ml com metanol para produzir uma concentração de 1,2,3,4,5 e 6 µg/ml, respetivamente. A solução padrão foi misturada separadamente com 1,5 ml de metanol, 0,1 ml de cloreto de alumínio a 10%, 0,1 ml de acetato de potássio 1 M e 2,8 ml de água destilada. Após incubação à temperatura ambiente durante 30 minutos, a absorvância da mistura de reação foi medida a 415 nm. A quantidade de cloreto de alumínio a 10% foi substituída pela mesma quantidade de água destilada no ensaio em branco. O teor total de flavonóides nos extractos de plantas foi expresso em equivalentes de rutina (mg de RE/g de amostra) e foi calculado pela fórmula

T = (C × □) / M Em que,

T = teor total de compostos flavonóides (mg de ER/g de amostra)

C = concentração de rutina estabelecida a partir da curva de calibração (mg/ml)

V = volume do extrato (ml)

M = peso do extrato metanólico da planta (grama)

(Kothari e Nisha, 2016).

Estimativa do teor de antioxidantes

A capacidade antioxidante total (TAC) dos extractos e fracções de M. arborus foi determinada espectrofotometricamente pelo ensaio do fosfomolibdénio, utilizando o método descrito por Prieto *et al.,* 1999. Resumidamente, 0,3 ml de uma solução de 1 mg/ml de extrato em metanol foram misturados com 2,7 ml de reagente de fosfomolibdénio (28 mm de fosfato de sódio e 4 mm de molibdato de amónio em ácido sulfúrico 0,6 M) em tubos de ensaio com tampa. Incubar durante 90 minutos num banho de água a 95 °C. Depois de arrefecer até à temperatura ambiente, a absorvância das soluções foi medida num espetrofotómetro de UV-visível a 695 nm, em relação a um branco. A medição é efectuada através da fórmula

Atividade antioxidante = (D.O. de controlo - D.O. da amostra)/D.O. de controlo x 100

APÊNDICE 5

Procedimento de análise microbiana

A carga microbiana dos produtos incorporados de batata-doce cozida foi enumerada inicialmente e finalmente de acordo com o método descrito por Istawankiss (1984).

MATERIAL NECESSÁRIO:

- Amostra
- Meio de ágar nutriente
- Rosa Bengala médio
- Ken knight médio
- Panela de pressão
- Balão cónico
- Máquina de pesagem
- Ciclomisturador
- Micropipetas
- Placas de Petri
- Câmara de fluxo de ar laminar

PREPARAÇÃO DO BRANCO DE ÁGUA:

- ✓ Pegue em seis tubos de ensaio, cada um cheio com 9 ml de água destilada
- ✓ Esterilizar numa panela de pressão

PREPARAÇÃO DO MEIO:

MEIO DE ÁGAR NUTRIENTE PARA BACTÉRIAS:

>	Extrato de carne de bovino	-3g
>	Peptona	-5g
>	Glicose	-5g
>	NaCl	-5g
>	Água destilada	-100ml
>	pH	-6 ,627 (ajustado antes da adição do ágar)
>	Ágar	-15g

PROCEDIMENTO (PARA A PREPARAÇÃO DOS SUPORTES):

- ✓ Os meios foram preparados no laboratório para 1000 ml de água, seguindo os seus princípios
- ✓ Isolamento de microrganismos (Procedimento)
- ✓ O isolamento dos microrganismos é efectuado através da técnica de diluição em série em placas.

- ✓ ////// População seriamente diluída para facilitar a contagem.

PRÉ-REQUISITO PARA A DILUIÇÃO:

- ✓ Suspensão da amostra
- ✓ Fonte de nutrientes, ou seja, meio
- ✓ Água em branco
- ✓ Placas de Petri (esterilizadas em ar quente a 1600-1620°C)
- ✓ Pipetas (esterilizadas)

PROCEDIMENTO DE DILUIÇÃO:

- ✓ Diz-se que o fator de diluição utilizado para o isolamento de determinados microrganismos é o fator de diluição desse microrganismo.
- ✓ O fator de diluição para as bactérias é 10^{-5}

CÂMARA DE FLUXO DE AR LAMINAR:

- ✓ Inicialmente a câmara é esterilizada por raios UV
- ✓ O fluxo de ar está ligado para evitar a entrada de ar atmosférico
- ✓ A galvanização é efectuada em câmara

PROCEDIMENTO DE REVESTIMENTO

- ✓ Agitar as placas (placas de Petri) para obter um espalhamento uniforme e evitar colónias aglomeradas durante o plaqueamento
- ✓ Colher 1 ml de amostra (da respectiva diluição) para a deteção de bactérias, fungos e leveduras.
- ✓ Agitação para um espalhamento uniforme
- ✓ Adiciona-se meio morno diluído às respectivas placas de Petri e agita-se
- ✓ Quando o ágar solidificar, inverter as placas de Petri para evitar a contaminação por gotículas de água

Período de incubação

- ✓ O tempo necessário para o desenvolvimento dos microrganismos é designado por período de incubação
- ✓ Em seguida, contar o número de unidades formadoras de colónias (após incubação) s O tempo de incubação para as bactérias é de 24.

APÊNDICE 4

Análise de custos do sumo de papaia sinbiótico

Custo fixo

Edifício	-Rs. 3,00,000
Equipamentos e navios	- Rs. 50,000
Custo fixo total	- Rs. 3,50,000

Custo variável

Papaia	-Rs. 6500
Estirpes probióticas	-Rs. 4000
Sementes de sabja	-Rs.4400
Açúcar	-Rs.2500
Eletricidade	-Rs.500
Diversos	-Rs.300
Custo variável total	-Rs.18,200

Juros - 12,5%

$$\frac{3,50,000}{300} \times \frac{12.5}{100} = 145.83$$

Depreciação - 6%

$$\frac{3,50,000}{365} \times \frac{6}{100} = 57.53$$

Lucro - 12,5%

$$12.5 \div 100 \times 18,200 = 2275$$

Custo total de transformação = custo variável + juros + amortização + lucro

$$= 18,200 + 145.83 + 57.53 + 2275$$

$$= 20,678.36$$

Custo unitário $= 20,678.36 \div 100$

$$= 206.78 \div 10$$

=Rs.20/ 100ml

APÊNDICE 7

Análise de custos do sumo de ananás sinbiótico

Custo fixo

Edifício	-Rs. 3,00,000
Equipamentos e navios	- Rs. 50,000
Custo fixo total	- Rs. 3,50,000

Custo variável

Ananás	-Rs. 7200
Estirpes probióticas	-Rs. 4000
Sementes de sabja	-Rs.4400
Açúcar	-Rs.2500
Eletricidade	-Rs.500
Diversos	-Rs.300
Custo variável total	-Rs.18,900

Juros - 12,5%

$$\frac{3{,}50{,}000}{300} \times \frac{12.5}{100} = 145.83$$

Depreciação - 6%

$$\frac{3{,}50{,}000}{365} \times \frac{6}{100} = 57.53$$

Lucro - 12,5%

$$12.5 \div 100 \times 18{,}900 = 2362.5$$

Custo total de transformação = custo variável + juros + amortização + lucro

=18,900 + 145.83 + 57.53 + 2362.5

= 21,465.86

Custo unitário = 21,465.86 ÷ 100

= 214.65 ÷ 10

= Rs.21/ 100ml

APÊNDICE 8

Análise de custos do sumo de romã sinbiótico

Custo fixo

Edifício	-Rs. 3,00,000
Equipamentos e navios	- Rs. 50.000
Custo fixo total	- Rs. 3,50,000

Custo variável

Romã	-Rs. 8600
Estirpes probióticas	-Rs. 4000
Sementes de sabja	-Rs.4400
Açúcar	-Rs.2500
Eletricidade	-Rs.500
Diversos	-Rs.300
Custo variável total	-Rs.20,300

Juros - 12,5%

$$\frac{3{,}50{,}000}{300} \times \frac{12.5}{100} = 145.83$$

Depreciação - 6%

$$\frac{3{,}50{,}000}{365} \times \frac{6}{100} = 57.53$$

Lucro - 12,5%

$$12.5 \div 100 \times 20{,}300 = 2537.5$$

Custo total de transformação = custo variável + juros + amortização + lucro

=2,300 + 145.83 + 57.53 + 2537.5

= 23,040.86

Custo unitário = 23,040.86 ÷ 100

= 230.40 ÷ 10

=Rs.23/100ml

WEBLIOGRAFIA

http://www.livestrong.com
http://www.mypowai.com
http://www.mavcure.com
http://www.angelmeds.com
http://www.nutraingredients.com
http://www.truthnhealth.com
http://www.merriamwebster.com

MIX
Papier aus verantwortungsvollen Quellen
Paper from responsible sources
FSC® C105338

Printed by Books on Demand GmbH, Norderstedt / Germany